KB076516

식민지 건축

식민지 건축:
조선·대만·만주에 세워진 건축이 말해주는 것

니시자와 야스히코 지음 | 최석영 옮김

마티

차례

일러두기

- 지은이 주와 옮긴이 주를 모두 각주로 처리했다. 지은이 주에는 '원주'라고
  표기했다.
- 일본인명은 원서에 표기된 후리가나와 옮긴이가 조사한 것을 토대로 독음했다.
  확인이 어려운 경우에는 옮긴이 나름으로 표기했으며, 음/훈독 정보가
  불확실하다고 판단한 경우 한자를 그대로 음독했다(예: 하율복).
- 지명은 현지 발음을 기본으로 하되, 한국식 한자음으로 굳어진 경우에는
  이를 따랐다. 예를 들어, 대련(大連)은 다롄으로 표기했으나, 만주(滿洲)와
  만주국(滿洲國)은 만저우와 만쇼코쿠로 표기하지 않았다.
- 독자의 이해를 돕기 위해 원서에 없는 사진을 추가했다.

들어가며

삿포로[1]의 관광 명소에는 건물이 빠지지 않는다. 탄산칼슘 재질의 흰색 시계 받침대, 빨간 벽돌의 홋카이도 도청이 일본 전통 스포츠 오즈모에서 최상위 타이틀인 요코즈나에 해당하는데, 이것들만 있는 것이 아니다. 홋카이도 대학 교정에는 삿포로 농학교[2] 시절의 목조 건물, 나카지마 공원에는 호헤이칸,[3] 오도오리 공원에도 동쪽 끝에 텔레비전 탑, 서쪽 끝에 구 삿포

1. 저자가 삿포로를 언급하며 책을 시작하는 것은, 홋카이도가 오키나와와 함께 근대 일본 역사에서 '내지(內地) 식민지'로서 새롭게 일본 판도에 편입되어 개척된 지역이기 때문일 것이다. 삿포로라는 명칭은 본래 이 지역에 거주하던 아이누족이 도요히라강에 붙였던 이름이다. 건조하고 크다는 뜻을 담고 있다. 아이누족이 거주하던 곳인 에조치가 홋카이도로 이름이 바뀐 것은 메이지 유신이 단행된 다음 해인 1869년이다.

2. 1894년에 삿포로 농학교에 식민학, 식민사 강의를 설치하고 이 강좌를 사토 쇼스케와 니토베 이나조(1862-1933)가 맡았다. 특히 니토베 이나조는 1904년 5월부터 교토제국대학 법과대학에 신설된 식민 정책 강의를 맡았으며, 그 후 대만총독부 민정장관 고토 신페이의 후원을 받아 1909년에는 도쿄제국대학 법학부 교수를 겸임했고 1913년에는 식민 정책 강의를 담당했다. 식민 정책학의 거두로 일컬어지며 일본 지폐 인물로 선정되기도 했다.

3. 호헤이칸은 아다치 요시유키(1827-1884)를 중심으로 한 개척사(開拓使) 공업국 영선과의 설계로 1879년에 착공하여 1880년 11월에 완공된 서양식 호텔이다. 1964년에 일본의 중요문화재로 지정될 때까지 식당, 여관, 결혼식장, 공민관 등으로 쓰였다. 중요문화재로 지정된 이후 두 번의 공사를 거쳐 2016년부터 관람 및 대여 전용으로 사용되고 있다.

로 공소원[4] 등 유명한 역사적인 건물이 여기저기에 있다.

삿포로에서는 건물이 도시의 역사를 말하고 있다. 건물 하나하나의 역사뿐만 아니라, 그것들이 서로 겹쳐서 삿포로라는 도시의 역사를 보여준다. 관광객은 몇몇 건물을 둘러보면서 삿포로의 역사를 읽는다. 건축물을 본다는 것은 그것이 세워진 지역의 역사를 보는 것이고, 그로써 평소 느낄 수 없었던 감동을 얻고 또 지식을 늘릴 수 있다. 이것이야말로 관광이다. 그런데 일본에서는 언제부터인가 소문난 요리를 먹고 특산물을 사는 것을 관광이라고 생각하게 되었다. 바꾸어 말하면 방문한 지역의 풍경을 맛보고 돌아올 뿐, 그 지역에 축적된 역사에는 별 관심을 보이지 않는다.

일본 국내에서 맛있는 것을 먹고 특산품을 구입하는 여행은 문제라고 할 수 없지만, 서울이나 타이베이, 혹은 다롄 등 동아시아의 도시에서 단체로 한다면 빈축을 살 만한 일이다. 20세기 전반에 일본의 지배를 받았던 이들 도시에는 지배의 흔적을 보여주는 건물들, 예를 들면 한국은행 화폐금융박물관(구 조선은행 본점), 중화민국총통부(구 대만총독부), 다롄빈관(구 야마토 호텔) 등이 여전히 남아 있기 때문이다. 그런 건물을 마주하지 않고, 먹거리와 선물에만 관심을 보이는 일본인의 자세는 우습고, 도시의 역사를 알려고 하지 않는 증거를 내보이는 꼴이다.

---

4. 1926년 9월에 지어진 후 1947년부터 삿포로 고등재판소로 쓰이다가 1973년부터 지금까지 삿포로자료관으로 사용되고 있다. 1997년 일본 유형문화재로 지정되었다.

그래서 이 책은 19세기 말부터 20세기 전반에 일본이 동아시아 지역을 지배한 사실을 건물의 역사를 통해 알아보고자 한다. 지배 과정에서 세워진 건물을 소개하는 한편, 건축가나 건축 재료, 그리고 정보가 해당 건물과 어떤 관계에 있었는지를 파악하고자 한다. 건물의 내력이나 특징을 알고 지배의 사실을 바로 볼 수 있다면, 서울과 타이베이, 다롄 등의 관광이 지금까지와는 다른 의미로 다가올 것이다.

0
왜 식민지 건축을 말하는가

침략과 지배의 역사를 다시 묻다

19세기 말부터 20세기 전반에 일본은 대만과 조선을 식민지[1]로 삼고, 특히 중국 동북 지방을 실질적으로 지배했다. 식민지, 조차지, 철도 부속지, 괴뢰정권에 의한 간접 지배 등 지배 방식은 다양했으나 그곳에 '식민지 건축'으로 불리는 건축물이 들어선 것은 다르지 않았다.

　그것들은 타이베이 중심지에 세운 대만총독부 청사나 조선 왕조의 왕궁을 부수고 건립한 조선총독부 청사로 대표되듯이 지배를 사실 그대로 보여주는 존재였다. 또 남만주철도

1.　일본은 대만과 조선을 '식민지'가 아니라 '외지'(外地)라고 불렀다. 간접 지배 방식을 취했던 서구 제국과 달리 직접 통치 방식을 취한 일본은 이들 식민지가 일본 본국(내지[内地])은 아니라는 점을 내지/외지 구분을 통해 명확히 했다.

10

주식회사(이하 만철)[2]가 세운 다롄의원과 같이 만철 초대 총재 고토 신페이[3]가 주창한 지배 이론 '문장적 무비'(文裝的武備)[4]를 구체적으로 보여주는 건물도 있는가 하면, 만주국 정부의 제1청사와 제2청사처럼 건축가의 시행착오가 외관에 그대로 반영된 건물도 있었다.

이 책은 식민지 건축을 소개하고, 식민지 건축이 성립된 배경에 있는 인물, 관련 정보의 확보와 이동에 주목한다. 그리고 식민지 건축과 식민 지배의 관계, 식민지 건축의 의미를 고민하고 지배의 실체를 다시 묻고자 한다. 하지만 일본이 동아시아 지역을 지배한 것은 반세기 정도로, 동아시아의 긴 역사 전체에서 보면 매우 짧은 기간이었다. 그리고 식민 지배가 끝난 후 이미 60년 이상이 흘렀다. 지배하에 있던 시간보다 지배를 벗어난 시간이 더 길어진 참이다. 그렇다면 지금에 와서 일제 지배에 대해 다시금 질문하는 의미는 무엇일까?

시대에 상관없이 다른 국가에 대한 침략과 지배가 그 국가의 사람들에게 크나큰 피해를 준 것은 역사적 사실이다. 그

---

2. 러일전쟁에서 승리한 일본은 1905년 9월에 맺은 포츠머스조약에서 러시아의 동청철도(東淸鐵道) 남부 지선, 즉 콴청쯔(寬城子, 창춘 교외) 이남의 철도와 거기에 부속된 이권을 얻게 되었다. 이 지역의 경영을 둘러싸고 일본 정부 내에서 여러 견해가 있었으나, 결과적으로 남만주철도주식회사가 설립되었다. 자본금 2억 엔으로 시작한 만철의 초대 총재에는 1906년 11월에 고토 신페이가 취임했다.
3. 고토 신페이(1857-1929)는 의사, 식민지 경영 관료, 도시계획가였다. 대만총독부 민정장관을 비롯해 만철 초대 총재, 내무대신과 외무대신을 역임한 후 도쿄 시장, 척식대학 학장을 지냈다.
4. 식민 지배에는 무력뿐 아니라 교육, 의료, 예술, 학문 등이 필요하다는 주장을 담은 말이다.

와 함께 수반된 무력 충돌과 전쟁은 승패에 상관없이 양 국민 모두에게 피해를 남긴다. 허나 가해국의 사람들은 그 피해로부터 눈길을 돌리기 쉬운 법이다. 그뿐 아니라 피해를 준 것 자체를 인정하지 않으려는 잘못을 범한다. 이것은 타국에 대한 침략과 지배를 다시 일으킬 위험을 낳는다. 지금 침략과 지배를 다시 묻는 가장 중요한 의미는 일본이 과거의 잘못을 인식하고 그 재발을 허용하지 않는 데에 있다.

'평화헌법'이라 일컬어지는 현 일본 헌법에 따라, 일본이 다시는 타국을 침략하지 않을 것이라고 낙관하는 사람도 많다. 그러나 헌법을 지키겠다는 의식이 없으면 평화를 유지하기 어렵다. 언젠가 "생활 속에서 헌법을 살리자"라고 쓴 현수막을 청사 창문에 내건 지자체가 있었는데, 이는 헌법이 그 존재만으로는 무력하다는 점을 보여준 좋은 사례일 것이다. 또 '헌법 해석'을 운운하며 헌법을 아무렇게나 왜곡·운용하는 정부가 앞으로 헌법을 지킬 것이라고는 도저히 생각할 수 없다. 그러한 인간의 언동을 억누를 수 있는 힘은 오로지 사람만이 가지고 있다. 따라서 끊임없이 침략과 지배가 도리에 어긋난다고 호소하는 일은 앞으로의 평화를 확보하기 위해서 반드시 필요하다. 즉, 언제든 침략과 지배를 다시 물어야한 한다. 전쟁을 겪은 세대든 아니든 그렇게 해야 하며, 이것이 새로운 것을 잃어버리는 행동은 아니다.

건축은 시대를 웅변한다

이 책이 건축[5]을 주제로 삼은 것은, 건축물이 그것이 세워진 시대의 총체를 사실로써 반영하기 때문이다. 건축을 말하는 것은 그 시대를 말하는 것이고, 여러 건축을 말하는 것은 역사를 말하는 것이 된다.

"건축은 시대를 가장 웅변적으로 말하는 존재이다"[6]라는 말이 있다. 일본 역사 교과서에서 호류지[7]를 문화적 현상으로서가 아니라 정치 상황을 설명하는 장으로서 언급하는 것은 많은 사람이 호류지가 그 시대를 보여주는 건축이라고 인식하기 때문이다.

건축은 역사적 현상을 시각에 호소할 수 있는 '사물'이며, 사료와는 다르다. 원자폭탄 투하로 폐허로 변한 히로시마현 산업장려관을 원폭 돔이라 하여 보존하는 것은 그것이 사람

---

5. 건축학을 가르치는 고등교육기관으로서 제국대학의 조가(造家)학과(도쿄대학 건축학과의 전신)를 건축학과로 개칭하는 데 주도적인 역할을 한 사람은 이토 추타였다. 고부대학(도쿄대학 공학부의 전신 중 하나) 조가학과의 유일한 교수였던 영국 건축가 조사이아 콘더는 역사주의적 관점에서 서양 건축의 구조·재료, 기능·용도, 역사·의장에 관한 강의만 할 뿐, 일본 건축에 대해선 가르치지 않았다. 그 결과 당시 일본에서는 일본 건축을 모르는 건축가들이 양성되었다. 고부대학 조가학과 1회 졸업생인 다쓰노 긴고는 영국 유학 시에 일본 건축을 소개해보라는 지도교수의 요청에 빈궁한 대답을 할 수밖에 없었다고 한다. 그는 귀국 후 일본 건축이라는 이름의 강좌를 열고 궁내성(宮内省) 내장료(内匠寮) 기사였던 기고 기요요시에게 그 강좌를 맡기면서 처음으로 일본의 대학에서 일본 건축 강의가 시작되었다. 영어 architecture를 '조가'로 번역해 사용하다가 '건축'으로 바꾼 것은 제국대학이 도쿄제국대학으로 이름을 바꾼 이듬해인 1898년이다.

6. [원주] 村松貞次郎,『日本近代建築の歴史』, NHKブックス, 1977.

7. 일본 나라현에 있는 사찰이다. 1993년에 유네스코 세계문화유산으로 등록되었다.

들에게 원폭의 참화를 시각적으로 전달함으로써 핵무기 사용이 도리에 어긋남을 호소하기 때문이다. 원폭 돔이라는 건물은 문헌 자료로는 전달할 수 없는 힘을 지니고 있다.

건축물은 사람이 발주, 설계·감리, 시공이라는 행위를 통해 만들어지는 인공물이다. 더욱이 하나의 건축물을 한 사람이 만드는 것은 드물고, 건축주의 발주, 건축가의 설계와 감리, 건설회사의 시공이라는 일련의 과정 속에 많은 사람의 협동으로 이루어지는 것이 일반적이다. 하나의 건축물은 건축주의 의향을 토대로 건축가나 건축기사 등의 전문가, 목공, 미장공, 벽돌공, 철근공 등과 같은 직인, 그리고 많은 노동자의 협력으로 완성된다.

따라서 건축에는 사람의 뜻이 반영된다. 달리 말해, '목적이 없는 건축'은 없다. 건축물 어디인가에는 그 목적이 반영되기 마련이고, 건축에 관여한 사람들, 특히 건축주의 목적이나 설계자의 뜻을 읽어낼 수 있다. 일본이 지배했던 지역의 건축을 살펴보는 이 책은 건축에서 지배 의도를 읽어냄으로써 지배를 다시 묻고자 한다.

이런 이유에서 이 책은 식민지 건축을 소개함으로써 건축과 지배의 구체적인 관계를 파악하고, 각 건축물 설계에 관여한 건축가·건축기술자의 인물상을 그려낸다. 일본에서 건축 교육을 받은 건축가·건축기술자 들이 일본과 기후나 관습이 다른 지역에서 예상치 못한 곤란을 겪었으리란 것은 당연한 일이다. 군사적 점령 외에도 정치, 경제, 사회 등 종합적인 통치가 요구되는 상황에서 이들 건축가·건축기술자가 예기치

않은 상황을 극복하는 것 역시 식민지 지배에 필요했을 것이고, 이들의 활동이 지배와 연결되어 있었으리란 점은 상상하기 어렵지 않다.

건축 재료의 확보는 지배력의 척도

일반적으로 건축 재료는 가까운 곳에서 조달된다. 목재가 풍부했던 일본에서 1000년 이상 목조 건축물이 발달한 이유다. 15세기경부터 목재가 줄어들기 시작한 한국에서는 목재 대신에 벽돌과 풍부하게 산출되는 화강암 등의 석재가 널리 사용되었다. 목재도 석재도 적은 중국 동북 지방에서는 배자(坯子)라 하여 햇볕에 말린 벽돌이 주요한 건축 재료였다. 일본이 각 지역에서 지배를 시작하고 찾은 건축 재료는 붉은 벽돌과 시멘트였고, 시대가 흘러 1920년대 중반이 되면 철근·철골과 같은 철재가 중요해졌다. 하지만 이들 재료는 식민지 현지에서 생산되지 않았기에 일본인이 직접 생산하거나 가지고 들어가는 수밖에 없었다.

　예를 들면, 일본이 대한제국을 보호국으로 만들었을 때 대한제국의 건축 조직으로 설치된 탁지부(度支部) 건축소[8]는

8.　국가 재정 전반을 담당하는 탁지부에 속한 관영 공사 전담 조직으로, 식민 통치를 위한 각종 관영 건축토목 공사를 맡았다. 이것이 설치되기 이전에 관영 공사는 조선시대에는 공조(工曹), 대한제국기에는 공무아문(工務衙門)이 담당했으나, 1906년 9월 28일 칙령 제55호에 따라 공식적으로 탁지부 건축소에서 담당하게 되었다. 일제가 조선을 강점한 1910년부터 탁지부 건축소의 업무는 조선총독부 총무부 회계국 영선과로 이관되었다. (국가기록원 홈페이지 > 일제 시기 건축도면 콘텐

실질적으로 일본인의 것이었고, 거기에서 활동한 일본인 건축가들은 붉은 벽돌을 확보하기 위해 벽돌 제조소를 지었다. 또 러일전쟁 직후 다롄민정서(民政署)를 지을 때 사용한 벽돌은 다롄에서 만든 것이었는데, 그 벽돌 벽체의 맞춤새에 사용된 시멘트는 다롄에서는 조달할 수 없어 일본에서 공수했다.

재료를 확보하기 위해서는 물류를 중심으로 한 경제적·사회적 지배가 뒷받침되어야 한다. 특히 조선 각지에서 재료를 조달해서 지은 조선총독부 청사에서 볼 수 있듯이 건축 재료의 확보는 지배력을 보여주는 척도이기도 했다.

건축 활동을 뒷받침한 건축 정보의 이동

재료와 기술을 활용하려면 정보가 필요했다. 일본과 기후나 관습이 다른 곳에서 어쩔 수 없이 시행착오를 반복한 건축가들끼리 경험을 공유하는 것은 해당 지역에서 건축 활동을 지속하는 데 필수였다. 또한 세계 최첨단의 건축 정보를 나누는 것도 중요했다.

이 책의 세 번째 과제는 식민지의 건축 정보 문제다. 당시 상황에서 건축 정보는 사람이 직접 전달하든지, 서적, 잡지 또는 그림엽서나 사진 등의 인쇄물로 전달해야 했다. 개인적 관계가 있는 건축가·건축기술자 들이 서로 정보를 주고받다가, 시간이 지나면 정보를 공유할 목적으로 관련 단체를 설립

츠 > 각급 기관 및 지방 행정 시설 참조.)

하기도 했다. 건축 단체는 강연회나 전람회를 개최하고 잡지 및 책을 발행해 정보를 나눴다. 따라서 당시의 건축 정보와 더불어 이동 방식, 실제 정보 전달에 큰 역할을 한 건축 단체도 3장에서 함께 살핀다.

식민지 건축을 거시적으로 보다

이러한 배경에서 성립한 식민지 건축의 의미와 식민지 건축의 자리를 생각하는 것이 이 책의 네 번째 과제다. 일본의 식민지 건축은 일본인의 건축 활동의 결과라는 점에서 일본 건축사에 자리매김이 될 만하나, 이 책에 등장하는 건축물들이 있는 곳은 대만과 한국, 중국 동북 지방이다. 그러니 한편으로 대만·한국·중국 건축의 일부이기도 하다.

말하자면, 식민지 건축은 일본의 건축인 동시에 대만·한국·중국 건축의 일부이기도 하다. 이를 각국의 건축사로만 다루어서는 당시의 정치·경제·사회 및 국제적 상황을 간과할 우려가 있다. 따라서 이 책의 4장에서는 일본의 식민지 건축을 국경을 넘어 성립한 건축으로서 파악하고자 한다.

식민지 건축에 관여한 사람·물건·정보와 식민지 건축의 의미를 파고드는 이 책의 원 부제는 '제국에 구축된 네트워크'(帝國に築かれたネットワーク)이다. 일본의 식민지를 이동한 사람·물건·정보 아래에는 네트워크가 있었다.

예를 들면, 대만총독부 청사의 실시설계에 관계한 영선

과장 노무라 이치로[9]는 조선총독부 청사의 설계 고문이 되었고, 노무라 밑에서 일한 대만총독부 기사 오노기 다카하루[10]는 만철이 창립되자 만철 건축 조직의 총수가 되었다.

1909년 개업한 오노다시멘트 다롄 공장에서 만들어진 포틀랜드 시멘트는 1920년대 후반에는 대만으로, 다시 대만을 넘어 동남아시아로 수출되었다. 이 책에서는 이러한 점에 주목해 식민지 건축이 식민지 간 네트워크를 통해 성립했다고 추정한다. 이것이 원 부제가 드러내는 바이다. 2장에서 사람, 3장에서 물건, 4장에서 정보를 언급하는 것은 이와 맥을 같이한다. 그러나 식민지 건축의 구체적인 예를 제시하지 않

---

9. 노무라 이치로(1868-1942)는 1895년에 제국대학 조가학과를 졸업한 이후 육군근위 제2연대에 입대했다. 1897년에 임시 육군 건축부에 소속되어 신설 부대의 시설이나 각 지역 포대 등의 건설에 관여했다. 대만총독부 기사로 임명된 것은 1899년 10월이었다. 대만에서는 흰개미에 의한 목조 건물 피해나 쥐를 매개로 한 전염병 문제가 심각했고, 오수나 빗물의 미처리로 인해 시가지의 위생 상태가 나빴으며, 주택 화재가 자주 발생했다. 영선과장이 된 노무라는 흰개미 방제를 위한 콘크리트 기초 시공 장려, 마루 및 천장, 배수기에 쥐 출입을 막는 장치 설치 등을 추진했다. 10년 동안 영선과장으로 재직했던 그가 맡은 최대 사업은 대만총독부 청사 신축이었다. 대만총독부는 처음엔 1887년에 건립된 대만포정사사아문의 건물을 전용했으나, 1907년에 청사 신축이 결정되었다.

10. 오노기 다카하루(1872-?)는 1896년에 제국대학 조가학과에 입학해 1899년에 졸업했다. 재학 중에 조가학과가 건축학과로 이름이 바뀌었고 대학의 이름도 도쿄제국대학으로 변경되었다. 졸업 후 구레 진수부(鎭守府)의 해군기사로 일했다. 1902년 1월 문부성 촉탁 기사가 되었고 같은 해 10월에는 대만총독부로 옮겨 영선과의 촉탁 기사가 되었다. 1903년 5월에 대만총독부 기사가 된 오노기는 대학 4년 선배인 노무라 이치로 밑에서 이란, 난터우 등의 지방 청사와 대만총독부 중앙연구소, 일본적십자사 대만지부 청사 등의 설계에 참여했다. 그러다 만철이 설립된 1906년 11월에 대만총독부 기사의 직위를 그대로 유지한 채 만철에 입사했다. 당시 만철 총재였던 고토 신페이는 만철 직원을 확보하기 위해 직위를 유지한 채 인사이동을 가능하게 한 칙령 제209호를 공포한 바 있다.

은 채 사람·물건·정보를 꿰기란 쉽지 않기에 1장에서 식민지 건축의 전형적인 사례를 소개한다.

사실 일본의 지배지가 모두 식민지는 아니었다. 앞서 언급했듯 일본이 동아시아를 지배한 형태는 다양했다. 대만과 조선은 일왕이 임명한 총독이 일왕의 대리자로서 통치(지배)하는 식민지였다. 그러나 중국 동북 지방은 조금 달랐다. 러일전쟁 결과 일본은 요동반도 남단을 조계지(租界地)로 넘겨받아 관동주라 이름 붙이고 관동도독부를 세워 통치했다. 다롄과 뤼순에서 창춘에 이르는 철도에 대한 권리를 이양받음으로써 설정된 인근 철도 부속지는 일본 정부로부터 명령을 받은 만철이 실질적으로 지배했다. 그리고 중국 동북 지방 전체를 지배하기 위해 관동도독부 육군부의 후신이었던 관동군이 만주국 정부라는 괴뢰 정권을 만들어 지배 체제를 확립했다. 그러나 건축에서는 지배 형태에 따른 차이를 인정할 만한 부분이 없다. 따라서 일제가 지배했던 지역에 세워진 건축을 하나로 묶어 '식민지 건축'이라고 칭하고자 한다.

이 책은 식민지 건축의 본질을 보여줌으로써 지배의 실제와 심도를 다시 묻는다.

1장 식민지 건축

19세기 말 일본은 청일전쟁의 승리로 대만을 장악한 이후 각 지역에 지배기구를 설치했다. 식민지가 된 대만과 조선에는 각각 총독부가, 조차지(租借地)[1]였던 관동주에는 관동도독부가, 위임 통치령이 된 남양군도에는 남양청이 설치되었다. 러일전쟁 결과 일본에 양도된 뤼순·다롄-창춘 간 철도에 딸린 철도 부속지의 지배는 만철에 맡겨졌다.

지배는 정치적·군사적 차원에 그치지 않았다. 일본은 대만과 조선에 대만은행과 조선은행이라는 중앙은행을 설치하고 일본 은행권과 동일한 가치의 지폐를 발행했다. 중국에서는 요코하마정금은행이 현지의 은본위제에 맞추어 은본위의 태환권(兌換券)[2]을 발권했다. 각 지역 경제를 일본 경제와 연결시켜 경제를 통한 지배가 침투되도록 한 것이었다. 은행 본점들은 활동 확대에 맞추어 처음부터 각지에 점포를 세웠다.

1장에서는 식민지 건축 가운데 대만총독부, 조선총독부,

1. 어떤 나라가 다른 나라에서 일시적으로 빌린 영토의 일부.
2. 한 국가의 화폐 제도의 기초가 되는 화폐로 본위화폐와 바꾸는 것이 보증된 은행권.

관동도독부, 만주가 세운 각 청사, 그리고 철도 부속지를 지배한 만철이 다양한 사업을 추진하며 지은 건물에 더해 식민지 은행으로 불리는 대만은행, 조선은행과 일본 자본의 해외 진출에 큰 역할을 한 요코하마정금은행 건물을 소개한다. 지배 기관의 건축 조직이나 지배 지역에 거주하는 건축가가 설계한 이 건물들은 일본의 지배와 긴밀히 얽혀 있다는 점에서 식민지 건축의 전형이라 할 만하다.

1
지배기구로서의 청사

아래에서는 대만총독부·조선총독부·관동도독부의 청사 건축을 다룬다. 건축이 위정자의 권력을 과시하고 상징하는 수단이라는 점은 잘 알려진 사실이다. 예를 들어 16세기 말부터 17세기 초 일본의 성곽 건축이 대표적이다.

그렇다면 식민지 지배의 중추였던 대만총독부 청사나 조선총독부 청사는 지배 초기에 세워질 법한 건물이었다. 그런데 현실은 달랐다. 대만총독부·조선총독부·관동도독부 모두 지배 초기에 신축할 상황이 아니었다.

대만총독부 청사 신축을 둘러싼 논란

대만총독부는 처음에 청나라의 지방청 대만포정사사아문[3]을 청사로 사용했다. 다만 대만총독부 부서 중 총독관방과 식산 (殖産)·재무 등 각 국이 이 건물로 들어갔을 뿐이고 경찰, 통신, 임시 당무국, 토지조사국은 목조 가건물인 별동에 있었다.[4]

이 상황은 대만총독부가 설치된 지 10년 이상이 지나갈 무렵까지 같았다. 대만총독부 관방문서과가 1908년에 간행한 『대만사진첩』은 구 대만포정사사아문을 전용한 대만총독부 청사의 사진을 싣고 "구내는 매우 넓으나, 행정 사무관청으로서는 불편한 점이 많아 현재 신축하자는 논의가 있다"며 구 대만포정사사아문 건물이 청사로 쓰기에 불편하다고 언급한다. "현재 신축하자는 논의가 있다"라고 함은 이 시기에 이미 신축 설계 현상 모집 중임을 의미한다.

그러나 불편하다는 이유만으로 청사 신축 설계가 진행된 것은 아니다. 1899년 2월에 발간된 건축학회(일본건축학회의 전신)의 기관지 『건축잡지』 146호에 실린 「대만의 청사 건축」이라는 제목의 글은 신축을 둘러싼 찬반양론을 전한다. 『시사신보』 기사를 인용하면서 대만총독부 청사 신축의 시비론을 구체적으로 다룬 이 글에는 청사 신축이 시급하지 않다는 의견과 필요하다는 서로 다른 입장을 소개했다. 신축 반대

---

3. 포정사사(布政使司)는 청나라 성급 행정단위로, 대만 포정사사는 1887년 설립되었다. 아문(衙門)은 관아를 지칭한다.

4. [원주] 尾辻國吉, 「明治時代の思ひ出 其の一」, 『台湾建築會誌』 13巻 2號.

론자는 재정과 통치(지배) 실적의 관점에서 청사 신축보다 우선 통치(지배)를 위해 해야 할 일이 있다고 주장했다. 그에 반해 신축 찬성론자는 위용 있는 청사를 세운다면 대만 현지인들의 복종을 이끌어낼 것이라고 봤다.

일본 최초의 설계경기가 개최되다

찬반이 갈리는 가운데 대만총독부는 1907년 5월 27일 청사의 신축 설계 현상 모집을 공표하고 신축의 방침을 분명히 했다. 실시설계를 수반하는 일본 최초의 전국 규모 현상 모집(설계경기)이었다.[5] 모집 규정과 응모자 주의 사항이 1907년 6월에 간행된 『건축잡지』 246호 부록에 실렸다. 모집 규정 가운데 응모 자격과 심사 방법, 상금, 당선안의 취급 등 네 가지를 주목할 만하다.

규정에 따르면, 응모자는 '제국에 거주하는 사람'에 한했다. '일본 제국'에 거주하는 누구라도 응모 가능했다. 1차 모집을 통과한 10명 이내의 당선자에 대해 2차 모집을 진행하는 두 단계의 모집·심사가 이루어졌다. 상금은 2차 심사 결과 입선한 갑·을·병 3명에게 주어지는데, 갑 3만 엔, 을 1만 5천 엔, 병 5천 엔이 수여되었다. 갑·을·병은 순위가 아니라고 명시되어 있으나 상금을 고려하면 순위가 매겨졌다고 볼 수 있다. 응모자 주의 사항의 요점은 2차 심사에서 제출된 설계안이 그대

---

5.   [원주] 近江榮, 『建築設計競技: コンペイションの系譜と展望』, 鹿島出版会, 1986.

로 시공으로 적용될 수 있다는 것이었다. 당선안의 실시설계를 전제로 했음을 알 수 있다.

1907년 11월 30일에 마감한 1차 모집에 28명이 응모하여 7명이 당선되었으며, 이후 2차 모집은 다음 해 12월 25일에 마감했다. 1909년 4월에 발표된 2차 심사 결과, '갑'은 해당자가 없었다. '을'은 당시 일본은행건축소 기사였던 나가노 우헤이지[6]의 안이, '병'은 오사카에서 다쓰노 긴고[7]와 공동으

6. 나가노 우헤이지(1867-1937)는 제국대학 공과대학 조가학과를 졸업했으며 일본건축사회 초대회장을 역임했다. 다쓰노 긴고의 제자로 알려져 있으며 많은 은행 건물을 설계했다.
7. 다쓰노 긴고(1854-1919)는 공부성 공학료(후 고부대학교)에 1873년 조선과에 입학했다가 조가과로 전과해 건축의 길을 걷기 시작했다. 1879년 대학 졸업 후 이듬해 런던대학교로 유학을 떠났다. 이후 고부대학 교수, 제국대학 공과대학 교수로

위_ 대만총독부 청사 신축 설계 현상(나가노 우헤이지 안)
아래_ 1919년에 준공된 대만총독부 청사

로 건축사무소를 운영하던 가타오카 야스시[8]의 안이었다.

그런데 을에 당선된 나가노가 설계경기는 응모안을 비교해 우월을 결정하는 것이지 상금 등급 기준에 적합한지 아닌지를 결정하는 것이 아니라고 주장하며 최다 상금의 갑에 해당자가 없다는 것은 부자연스럽다는 취지의 보고서를 대만총독부에 제출했다.

대만총독부 민정장관은 '재심의 여지없음'으로 나가노의 보고서를 단번에 거절했으나, 나가노는 자신의 보고서와 대만총독부 민정장관의 답변을 『건축잡지』 271호(1909년 7월)에 발표함으로써 설계경기의 존재 방식을 세상에 물었다. 이 문제 제기는 후세에도 영향을 미치고 있다.

사실 후대의 시각에서 대만총독부 영선과가 나가노의 안을 토대로 설계해 신축한 청사와 나가노의 안을 비교하면 이

활동했으며, 조가학회를 창립했다. 일본은행 본점, 오사카시 중앙공회당 등 문화재로 남은 건축물을 다수 설계했다. 붉은 벽돌과 흰색 모서리 돌을 쓰는 수법을 자주 사용했다.

8.   가타오카 야스시(1876-1946)는 제국대학 공과대학 조가학과를 졸업했으며 일본건축협회 회장을 역임했다. 일본 도시계획 연구의 선구자로 평가된다.

나가노 우헤이지   다쓰노 긴고

설계경기의 결과가 얼마나 모호했는지를 알 수 있다. 설계경기 당시 이미 청사에 필요한 방과 그 면적이 상세하게 제시되었기 때문에 평면을 비교하는 것은 의미가 없으므로, 양자의 외관을 비교해보자.

우선, 기본적으로 둘 다 정면이 좌우대칭이고, 중앙 현관에 차량이 진입할 수 있도록 하고, 정면 중앙에 옥탑을 올린 점은 유사하다. 하지만 큰 차이가 있다. 옥탑의 처리와 건물 중앙 및 양단부의 취급, 정면을 비롯한 외벽의 의장(意匠)이다.

옥탑의 처리를 보면, 나가노 안은 건물 전체의 3층 정도 높이의 옥탑을 중앙 벽면의 연장선상에 올렸다. 그러나 실제 청사의 옥탑은 높이가 지상에서 정상부까지 60미터나 되었고, 나가노 안에 비해 뒤로 물러난 위치에 올려졌다. 정면 중앙부와 양단부도 다르다. 나가노 안은 정면의 양 끝부분이 다른 외벽보다 뒤로 밀려나 있다. 그런데 실제 청사의 양단부는 외벽이 앞으로 나온 데다 처마에 페디먼트(pediment)[9]가 붙어 있으며 뒤쪽에는 주변보다 높은 위치에 네모 모양의 지붕이 설치되어 있다. 이는 분명 건물 정면의 양 끝부분을 강조하는 의장이다.

외벽 의장 면에서 나가노 안이든 실제 청사든 모두 붉은 벽돌의 벽체를 기본으로 하고 개구부 주변이나 코니스(corni-

---

9. 서양 건축에서 경사지붕의 밑 부분과 수평재를 둘러싼 삼각형 부분.

ce)[10]에 해당하는 부분에 흰색 부재를 쓴 것처럼 칠을 한 점은
닮았다. 모두 20세기 초 일본에서 다쓰노 긴고가 자주 사용하
던 수법이다. 후세의 건축사가는 이를 '다쓰노식'이라고 부르
는데, 세계적으로 보면 19세기 후반 영국에서 유행한 퀸 앤 양
식[11]을 기조로 거기에 서양 고전 건축의 요소인 둥근 기둥이
나 페디먼트를 붙여 장식하는 프리 클래식(free classic)이라
고 부른다. 전형적인 예가 다쓰노 긴고의 설계로 1914년에 준
공한 도쿄역이다.

'다쓰노 긴고식'과 영국에서 유행하던 퀸 앤 양식 사이에
는 건물을 꾸미는 방식과 주변과의 관계 면에서 차이가 있었
다. '다쓰노 긴고식'은 도쿄역에서 볼 수 있듯 정면이 좌우대
칭이고, 중앙과 양 끝부분을 앞으로 내고 지붕에는 돔을 설치
하는 등 건축물을 도드라지게 하는 장치가 많다. 일본은행 나
고야지점(1910년 준공)처럼 양 끝부분만 앞으로 내고 페디먼
트를 붙여 강조하기도 한다. 부지가 뿔 모양이면 건물의 모서
리에 돔이나 옥탑을 세워서 강조하고 시가지에서는 주변과
비교해 눈에 띄는 건물이 되도록 설계한다.

그에 비해 퀸 앤 양식은 시가지에 녹아 들어가는 외관을
중시하고 건물 중앙이나 모서리 부분에 눈에 띄는 높은 돔을
세우지 않는다. 퀸 앤 양식은 시내에 짓는 사무실 건물이나 점

10. 건물 벽면에 띠 모양으로 돌출되어 있는 부분.
11. 앤 왕(재위 1702-1714) 시기에 나타난 영국 바로크 건축 양식으로 19세기
말-20세기 초에 재유행했다. 페디먼트와 함께 좌우대칭, 그리고 붉은 벽돌과 석재
사이의 색상 대비 등이 특징이다.

포와 집합주택이 혼재한 이른바 시가지 건물에 적용되는 경우가 많았다. 당연히 주변을 배려할 필요가 있었기에 퀸 앤 양식으로 지은 건물만 튀게 하지는 않았던 것이다.

일본 내 유행과 설계경기 당선작

나가노 안과 실제 청사는 '다쓰노식'으로 분류할 수 있다. 그러나 나가노 안과 비교해 실제 청사의 외벽은 3층을 쭉 두르는 연속 아치에 흰색 부재를 사용하여 그 존재를 강조했다. 벽면에도 흰색 띠를 두르고, 특히 현관에 차량을 댈 수 있는 공간이나 양 날개의 개구부에 둥근 기둥을 세워 전체적으로 나가노 안에 비해 화려한 느낌을 주었고 페디먼트나 오더 등 서양의 고전적 건축 요소를 사용한 부분이 많다.

　　나가노 안은 그가 1893년 대학 졸업 때 제작한 졸업 설계 '터미널과 호텔'을 토대로 하고 있다는 지적도 있다.[12] 실제로 2층의 연속하는 반원 아치나 2층 창보다 3층 창의 여닫는 면적을 작게 한 수법은 비슷하다. 반면 나가노의 대만총독부 청사 설계안은 졸업 설계와는 달리 모서리를 앞으로 내지 않았고 페디먼트를 없애 정면 중앙의 옥탑이 눈에 뗜다. 옥탑 높이를 훨씬 키운 실제 청사 때문에 나가노 안의 옥탑이 상대적으로 덜 눈에 띄는 듯 보이나, 나가노 안 역시 '다쓰노식'의 일종

12.　[원주] 藤森照信, 『日本の建築 明治·大正·昭和 国家のデザイン 3』, 三省堂, 1979.

으로 옥탑이 강조되었다.

결과적으로 나가노 안과 실제 청사의 외관은 '닮은 듯 닮지 않았다'라는 표현이 어울릴 만큼 유사점과 차이점이 반반 섞여 있다. 즉, '다쓰노식'을 기조로 한 점, 정면 중앙에 옥탑을 세운 점은 나가노 안을 따랐으되, 실제 청사 건축이 나가노 안에는 없었던 페디먼트나 오더를 사용해 정면과 양단부를 강조한 것은 '다쓰노식' 외관 그대로이다. 이렇게 양단부를 강조하자 최초 안의 옥탑의 존재감이 약해졌고 실제 청사에서 옥탑을 더 높이게 되었을 것이다.

그런데, 이 경우 설계경기와 실시설계의 관계는 어떻게 된 걸까? 설계경기 당시 응모 규정에는 2차 모집 제출안은 바로 시공할 수 있는 안이어야 한다는 조건이 있었으나, 당선작을 그대로 실시설계에 사용한다고 명기되어 있지는 않았다. 물론, 오늘날 상식이라면 응당 당선작이 실시설계로 이어진다. 그러나 전국 규모의 설계경기가 처음 실행된 100년 전 일본에는 그러한 상식이 없었다. 대만총독부는 애당초 나가노

나가노 우헤이지의 졸업 설계 '터미널과 호텔'(1893년)

31

안을 실시설계에 그대로 반영한다는 의식 자체가 없었던 것이다. 그 결과, 나가노 안을 부분적으로 사용하면서 '닮은 듯 닮지 않은' 실시설계가 이루어졌다고 짐작할 수 있다.

실시설계는 누가 했을까

청사 실시설계는 대만총독부 영선과에서 맡았는데, 담당자는 누구였을까? 당시 영선과에는 과장 노무라 이치로, 그 밑에 기사인 곤도 주로, 나카에이 테쓰로, 모리야마 마쓰노스케[13]가 있었는데 그 가운데 모리야마가 실시설계안을 작성했다는 설이 유력하다. 몇몇 문헌이 이를 간접적으로 보여준다.

대만총독부 영선과에 있던 오쓰지 구니기치가 1941년에 쓴 회고록『메이지 시대의 추억 그 하나』와 메이지 시대의 일본인 건축가에 관한 이야기를 담은 모리 겐스케의『스승과 친구: 건축을 둘러싼 사람들』에 그 취지가 적혀 있다.

대만 건축사가 황준밍은 대만총독부 관련 공문서를 조사해 모리야마가 대만총독부 청사 신축 공사 주임이었던 사실을 알아냈고, 당시 대만총독부 영선과 공사 주임의 역할에 비추어볼 때 모리야마가 실시설계를 했다고 결론지었다.[14]

---

13. 모리야마 마쓰노스케(1869-1949)는 도쿄제국대학 건축학과를 졸업하고 1906년 대만으로 건너가 대만총독부 영선과 기사로 활동하면서 대만에 타이난지방법원, 타이난주청 등 많은 건축 설계에 관여했다.

14. [원주] 黃俊銘,『總督府物語: 台灣總督府暨官邸的故事』, 遠足文化事業股份有限公司, 2004.

그러나 당시 영선과장 노무라 이치로의 관여도 검토할 필요가 있다. 노무라는 대만총독부를 퇴직한 후 조선총독부 청사 실시설계에 관여하게 되는데, 조선총독부 건축과장을 지낸 이와이 초사부로가 작성한 「신청사 계획」[15]에 "대만총독부 청사 실시설계 경험이 있는 전 대만총독부기사 노무라 이치로에게 촉탁하기로 했다"라고 쓰여 있다. 노무라가 대만총독부 청사의 실시설계에 관여했음을 확인할 수 있는 대목이다. 실제로 조선총독부는 노무라의 대만총독부 실시설계의 업적을 평가해 그에게 조선총독부 청사의 설계를 맡겼다.

이상을 고려하면 당시 영선과장이었던 노무라의 부하 직원이었던 모리야마가 실시설계를 담당한 것은 맞으나, 중요한 결정 사항은 노무라가 판단했다고 해석하는 것이 타당하다.

1912년 6월 1일, 지진제를 지내고 대만총독부 청사 신축 공사가 시작되었다. 1915년 6월 25일에 상량식을 올렸고, 1919년 3월에 준공했다. 일본이 대만을 지배한 지 23년이 흐른 뒤였다. 이처럼 기존 건물을 고친 임시 청사를 오랫동안 사용하다가 본 청사를 새로 지은 것은 조선총독부도 마찬가지였다.

노무라 이치로는 1914년에 대만총독부 영선과장을 사직하고 일본으로 돌아가 오사카에서 건축사무소를 열었는데, 조선총독부 청사의 설계를 부탁받고 조선총독부 촉탁기사가 되었다. 모리야마 마쓰노스케는 대만총독부 청사가 준공된

15.　[원주] 朝鮮建築会, 『朝鮮と建築』 5권 5호.

1919년에 사직한 후 일본으로 돌아가 도쿄에서 건축사무소를 열고 구니노미야 저택[16]이나 공회당 등을 설계했다.

기존 건물을 빌려 썼던 조선총독부

조선총독부는 설립 당시 전신이었던 통감부[17]의 청사를 이용했다. 총독부의 청사를 짓는 문제가 어렵지 않게 여겨질 수 있겠으나 실제는 달랐다. 통감부와 조선총독부는 조선 내 지배기구라는 점에선 같았으나 조직 규모는 차이가 상당했다. 가령 1910년 통감부가 폐지되기 이전 관료의 정원은 통감을 포함하여 93명이었던 데 비해 설립 직후인 1911년 조선총독부의 정원은 430명[18]이었다.

따라서 조선총독부 초기에는 통감부 청사에 모든 부서를 수용할 수 없어서 다른 청사를 더 확보해야 했다. 구 통감부 청사를 증축했음에도 불구하고 들어가지 못한 부서는 경성 시내의 다른 건물을 사용하거나 구 대한제국 청사 증축부에 들어갔다. 결국 조선총독부 청사는 구 통감부 청사와 그 주변, 광화문 앞, 정동 등 3개소로 분산되었다.

이런 사정은 설립 직후의 대만총독부와 같았다. 1912년

16. 메이지 시대에 후시미노미야 구니이에 친왕(일왕의 직계 자손에게 내리는 봉작)의 넷째 왕자 아사히코 친왕이 창립한 궁가.
17. 1905년 을사늑약 후 일제가 대한제국 한성부에 설치했던 관청.
18. 손정목에 의하면 1911년 3월말 기준 7국 25과의 직원 수는 840명이었다. (손정목, 「조선총독부 청사 및 경성부 청사 건립에 대한 연구」, 『향토연구』 제48호, 1989.)

에 조선 왕조의 왕궁이었던 경복궁이 조선총독부의 소관이 되면서 청사 신축 부지를 경북궁 안으로 결정하고 예산 300만 엔을 상부에 요구했으나 조사비 조로 3만 엔만이 인정되었다. 여기에는 당시 계획 중이던 조선신궁[19]에 대한 조사 비용도 포함되어 있었다.

조선총독부는 영선과 기사 구니에다 히로시[20]에게 1912년 4월부터 11월까지 외국의 궁정건축 등을 시찰하도록 했고 신축 청사 설계에 참고하도록 유럽으로 출장을 보냈다. 한편으로는 도쿄에 거주 중이었던 독일인 건축가 게오르크 데 랄란데[21]를 촉탁으로 임명해 기본설계에 참여하도록 했다. 그러나 랄란데가 1914년 8월 사망하는 바람에 당시 대만총독부 영

19. 조선신궁은 경복궁을 완전히 가린 채 지어진 조선총독부와 더불어 일제의 지배를 상징하는 공간으로 남산에 지어졌다. 1925년 완공되기 직전 '조선신궁'이라는 이름을 붙였고, 1912년 조사비가 책정될 당시에는 '조선신사'라고 가칭했다.

20. 구니에다 히로시(1879-1943)는 1905년 7월에 도쿄제국대학 건축학과를 졸업하고 다음 해 9월에는 한국 탁지부 건축소에 입소했다. 1907년 8월에는 통감부 기사, 다음 해 1월 관제 개혁에 따라 탁지부 건축 계장이 되었다. 탁지부 건축소의 직원은 모두 일본인이었고 이와이 초사부로와 동기였다. 구니에다 히로시는 이와이 초사부로와 함께 1910년 8월 조선총독부 기사가 되었다.

21. 랄란데(1872-1914)는 건축가 루트비히 리하르트 실의 초청으로 1903년에 요코하마로 건너와 동료가 운영하던 건축사무소를 이어받아 도쿄, 교토, 오사카 등 일본 각지와 조선에서 건축 활동을 했다.

『건축잡지』 381호(1918년 9월)에 게재된 조선총독부 청사 설계안

35

선과장을 막 그만둔 노무라 이치로를 촉탁기사에 임명했다.

조선총독부로서는 앞서 진행된 대만총독부 청사 건축 경험을 고려한 의뢰였다. 영선과 직원에 더해 노무라가 참가한 기본설계는 1914년 말에 완성되었다. 조선총독부 기본설계의 중심이 된 영선과 직원은 유럽 출장을 통해 많은 정보를 수집한 구니에다이다. 조선총독부가 청사 신축 후에 작성한 『조선총독부 청사 신영지』에는 설계자를 특정한 구체적인 내용이 없으나, 『건축잡지』 381호(1918년 9월)에 실린 「조선총독부 청사 신축 설계 개요」에는 설계자가 노무라 이치로와 조선총독부 기사 구니에다 히로시라고 적시되어 있다.

그 후 1916년부터 1923년까지 계속해서 청사 신축 공사비가 편성되었고 1916년 6월 1일에 부지로 결정된 경복궁에 영선과 공영소가 설치되었으며 구니에다가 공사 주임으로 책임자 자리에 올랐다. 같은 달 25일에 지진제를 열고 7월 10일부터 기초공사에 착수했다. 1917년 6월부터 본체 공사에 돌입

1926년 준공된 조선총독부 청사

했으나 제1차 세계대전의 영향으로 예정된 공기는 3년 늘어났다. 낙성한 것은 1926년 10월 1일[22]이다. 조선총독부가 설립된 지 16년이 지난 후였다.

그런데 1919년부터 공사 방식이 변경되었다. 1917년 당시 본체를 건설회사 시미즈구미가 맡아 시공했으나 1918년에 자재비와 인건비 상승으로 인해 공사 일괄 청부 방식(general contract)을 조선총독부 직영으로 바꾸었다. 그사이 외관 설계 또한 변경되었다.

높은 옥탑

「조선총독부 청사 신축 설계 개요」에는 설계안 투시도가 실려 있다. 이 투시도가 발표된 1918년 9월은 이미 공사가 시작된 지 1년이 지난 시점으로 지하와 1, 2층은 이미 공사가 끝나 있었다. 이 설계안과 실제의 청사를 비교해보면, 처마 앞까지의 외관은 대체로 같으나 중앙에 세운 옥탑이 다르다. 옥탑 형태뿐 아니라 옥탑 정상까지의 높이와 탑 내부까지 설계가 변경되었다.

본래 설계안에서 옥탑은 정방형 평면의 네 모퉁이에 기둥을 세우고 그 위에 뿔 모양 돔을 얹는 것이었는데, 실제로는 네 모퉁이 기둥 모서리에 접하는 원형 평면 위에 반구 모양의

---

22. 10월 1일은 일제가 조선강점 이후 통치를 시작했다는 시정기념일(始政記念日)이다. 일제는 1915년 조선물산공진회, 1929년 조선박람회 등의 대규모 행사 개회일을 10월 1일로 잡아 의미 부여를 하곤 했다.

돔을 걸치고 정상에 랜턴을 올렸다.

일반적으로 돔 모양의 지붕을 얹는 경우 반구 모양이든 뿔 모양이든 돔 하부에는 바깥으로 터져 나가려는 힘, 즉 횡력이 작용한다. 따라서 돔의 하부 구조체, 즉 돔을 들어 올리는 구초체에 대한 구조상의 고민이 필수다.

보통은 원통 구조체인 드럼을 만들어 그 위에 드럼과 같은 반지름의 돔을 올린다. 이것만으로 충분하지 않을 경우 드럼 바깥에 기둥을 둘러치거나 두꺼운 벽을 세워 돔 하부의 끝, 다시 말해 드럼 상부의 끝이 횡력을 지지한다. 조선총독부 청사의 옥탑에는 네 모퉁이에 세운 두꺼운 기둥 안쪽으로 드럼을 접하게 하고 드럼과 같은 지름의 반구 모양 돔을 얹었다. 드럼 자체의 무게는 드럼이 지지하지만 드럼 하부에 생기는 수평 방향의 하중은 드럼에 외접한 네 기둥이 지지한다. 반면, 설계안의 뿔 모양 돔은 돔 하부 끝에 생기는 횡력을 지지하는 고민이 부족하다. 1918년의 설계안에서는 기둥과 보 구조만으로 돔 하부의 횡력을 지지할 수 있다고 보았으나, 결과적으로 옥탑 구조는 더 안전한 방향으로 변경된 셈이다.

구조를 바꾸면서 옥탑 높이가 높아졌다. 설계안의 옥탑 높이는 165척(약 50미터)인데, 실제 옥탑은 180척(약 54.5미터)으로 15척(약 5미터)이 높아졌다. 대만총독부 청사 신축 당시 나가노의 설계안과 실제 옥탑 높이의 차이보다는 변경 폭이 작지만, 어쨌거나 옥탑을 높게 조정한 점은 주목할 만하다. 총독부 청사인 만큼 정면 중앙에 위치하는 옥탑을 더 높여야겠다고 생각했을 수 있다.

근세 부흥 양식

지배의 상징으로서 조선총독부 청사 양식은 대만총독부 청사와 달리 '근세 부흥 양식'으로 불린 신바로크 양식을 기본으로 한다. 근세 부흥 양식은 신바로크 양식을 기조로 형태나 장식을 간략화한 것이다.

조선총독부 청사의 정면 구성을 보자. 좌우 양쪽의 날개 부분과 현관의 규모가 비슷하고, 특히 양끝이 비교적 작은 것은 본래의 신바로크 양식과 크게 다른 점이다. 준공 당시 건축 과장이었던 이와이 초사부로는 조선총독부 청사 특집호였던 『조선과 건축』 5권 5호(1926년 5월)에 실은 「신청사의 계획에 대해」에서 이에 대해 "관청은 어디까지나 관청다운 면모를 보여야 한다. 새로움이 없다는 난점이 있지만 고전 양식을 기본으로 한다는 발상에서 추론된 외관이다"라고 썼다.

같은 글에서 조선총독부 영선과 기사들이 건축 구조 및 재료와 관련해 구체 구조에 대해 논의한 내용을 엿볼 수 있다. 이와이에 따르면, 그들은 재료비나 인건비를 고려해 벽돌 구조를 검토했으나 구조적으로 무리라는 결론에 이르렀다. 최종적으로 철근콘크리트 구조를 선택했는데, 이는 오늘날의 철근

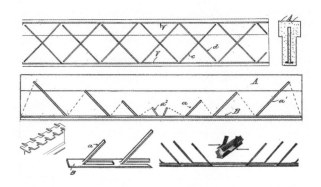

1903년 8월 18일 특허를 받은 칸 시스템

콘크리트와는 다른 '칸 시스템'[23]이라 불리는 구조였다. 칸 시스템 공법은 1910년대부터 1923년 간토 대지진이 일어날 때까지 일본에서 유행했다.

이 공법은 '칸 트러스 바'라고 불린 특수 철근을 우물 정(井) 자 모양으로 조립하고 그 위에 바닥 타일 강철이라고 불리는 철판으로 만든 반원형이나 상자 모양의 부재를 올린 뒤 다시 그 위에 콘크리트를 붓는 것이었다. 바닥 타일 강철이 콘크리트를 흘려서 집어넣을 때의 모양 틀을 겸한다는 시공상 이점이 있어 전국적으로 유행했는데, 간토 대지진에서 이 공법으로 지어진 건물이 크게 피해를 입은 후에는 거의 사용하지 않게 되었다.

조선총독부 청사의 실시설계가 있던 1914-15년에 이 공법이 일본에서 한창 인기였고 조선총독부 청사도 유행을 따랐다고 볼 수 있다. 다만 일본에서 칸 시스템을 사용한 대규모 건물은 스미토모은행 나고야지점(1923년 기공, 1925년 준공) 정도인데, 조선총독부 청사처럼 3만 제곱미터를 넘는 규모는 아니었다. 조선총독부에 칸 시스템이 사용되었다는 점은 1995년 건물 해체 당시 확인되었다.[24]

재료를 어디에서 조달할 것인지도 문제였다. 공사에 사무관으로서 관여한 조선총독부 건축과 서무계 주임 사토 요

---

23. 칸 시스템은 독일 출생 건축가 알버트 칸이 1903년에 특허를 받은 특수 철근 '칸 트러스 바'(Kahn trussed bar)를 이용한 공법이다.

24. [원주] 한국문화체육부 국립중앙박물관, 『구 조선총독부 건물 실측 및 철거 도판 (하)』, 1997.

시하루는 『조선과 건축』 5권 5호의 「신청사의 직영 경리에 대해」에 재료 수집 방침을 정리했다. 주안점은 "재료는 가능한 한 조선의 산물을 사용했다"는 것이었다. 조선총독부 건축기사 미야지마 사다키치에 의하면 석재는 조선에서 산출되는 양질의 화강암이나 대리석을 직영 공사 형식으로 채굴했다. 외벽 마감에 사용된 화강암은 주로 서울 동대문 밖에서 산출된 것이었고, 내장용 대리석은 조선 각지에서 모았다. '큰 객실'이라고 불렸던 청사 중앙 거대한 홀의 바닥은 이렇게 채취된 대리석을 다량 사용해 만든 모자이크였다.

옥좌와 베란다

조선총독부 청사의 기능 및 평면상의 특징으로는 옥좌와 베란다를 꼽을 수 있다. 옥좌는 청사 3층 대회의실에 마련되었다. 이것은 일왕이 자신의 대리자인 조선 총독의 통치 모습을 시찰하고, 일본 내에서 국정의 주요 사안을 결정할 때 종종 열리는 어전회의처럼 조선총독부에서도 일왕이 임석해 회의를 여는 상황을 가정해 설치되었다.

청사 동·남·서쪽 2층에서 4층에 폭 9척(약 2.7미터)의 베란다가 설치되었다. 형태상으로는 소위 베란다 콜로니얼(veranda colonial) 건축[25]에서 보이는 '베란다'가 아니라 신바

---

25. 17세기부터 18세기 영국, 스페인, 폴란드의 식민지에서 많이 볼 수 있는 형태로, 건물 정면에 포치(porch)를 붙이고 큰 창이나 베란다 등을 배치하는 특징이 있다.

로크 양식에 따른 '로지아'(loggia)[26]에 가깝다. 그러나 '더위를 막는 장치'로 설명되었으며 실제로 여름에 볕이 방 안으로 들어오는 것을 막기 위함이었으므로 기능 면에서는 베란다 콜로니얼 건축의 베란다와 닮기도 했다.

　　1870년대부터 1880년대에 일본에서는 베란다 콜로리얼 건축의 영향을 받아 내무성 등 정부청사와 미에현 청사 등 지방 청사에 베란다를 설치했으나 20세기에 들어 짓는 건물에는 적용하지 않았다. 당연히 조선총독부 청사가 공사 중이던 1910년대에서 1920년대에 일본 내에 베란다나 로지아를 가진 청사는 건립되지 않았으니, 베란다는 조선총독부 청사가 가진 큰 차별점이다.

　　그런데 베란다의 유무를 놓고 보면 조선총독부 청사의 평면 계획이 대만총독부 청사를 모델로 했다고 한 다니카와

26.　건물 한쪽 면에 열주랑 등을 둔 개구부.

경성 시가지에 있었던 조선총독부 청사와 경성부 청사, 1930년경

류이치의 지적[27]은 설득력이 있다. 두 청사의 평면은 날 일(日)자를 눕힌 모양으로 매우 유사하다. 이 평면 유형은 당시 일본 청사에서도 종종 볼 수 있는 것이었다. 날 일 자 평면을 사용한 일본 지방 청사에서는 대체로 두 중정을 가로지르는 동에 회의 장소를 두었지만 대만총독부 청사나 조선총독부 청사 중심부에는 큰 홀을 설치했다. 한편 두 청사 모두 베란다가 있었다. 위치만 조금 다를 뿐인데, 대만총독부 청사의 정면이 동쪽을 향하고 조선총독부 청사는 남향이기 때문이다. 베란다가 건물의 동·남·서쪽으로 접해 있는 것은 동일하다.

이런 점에서 조선총독부 청사 평면이 대만총독부 청사를 본보기로 삼았음은 분명해 보인다. 다른 관점으로 보면, 조선총독부가 이것을 기대하고 노무라 이치로를 촉탁했음을 유추할 수 있다.

경복궁을 파괴한 배치

끝으로 사회적으로 논란을 야기한 조선총독부 청사의 배치 문제를 보고자 한다. 조선총독부 청사는 조선왕조의 궁전이었던 경복궁의 정문인 광화문과 국왕이 정치를 행한 근정전 사이를 갈라 들어섰다. 왕궁의 정전인 근정전은 조선총독부 청사에 가려졌고 광화문은 철거되기에 이르렀다. 또한 강령전과

27.　[원주] 谷川竜一,『日本植民地とその境界における建造物に関する歴史的研究 ―1867年-1953年の日本と朝鮮半島を中心として―』, 東京大学大学院工学系研究科, 博士論文, 2009年 3月.

교태전 두 전각이 창덕궁으로 옮겨졌다.[28]

경복궁을 파괴하는 이 같은 배치에 대해서는 일본인 사이에서도 비판이 일었다. 평론가 야나기 무네요시는 「사라지려는 조선 건축을 위해」라는 글을 『개조』(1922년 9월)에 발표했다. 그는 철거가 예정된 광화문의 보존을 주장하며 조선총독부 청사 건립을 따끔하게 비판했다.

(…) 예정된 동양 고건축의 무익한 파괴 소식이 가슴을 쥐어짜는 듯하다. 조선의 주 도시 경성에 있는 경복궁을 찾은 적 없는 사람들은 그 왕궁의 정문인 장대한 광화문이 파괴되는 것에 대해 아마 어떠한 신경도 쓰지 않을지 모른다. (…)

그러나 여전히 이 글의 제목만으로 선명한 모습을 떠올릴 수 없는 독자는 다음과 같이 상상해보길 권한다. 만약 지금 조선이 발흥하고 일본이 쇠퇴해 결국 조선에 병합되어 궁성이 폐허가 되고, 대신 그 자리에 거대한 서양풍의 일본총독부 건물이 세워지고 그 벽담을 넘어 멀리 우러러보았던 흰 벽의 에도 성이 파괴되는 광경을 말이다. 아니, 뚫는 소리를 듣는 날이 다가왔다고 강하게 상상해보라. 나는 에도(江戶)를 기념하는 일본 고유의 건축의 죽음을 슬퍼하지 않을 수 없을 것이다. 쓸데없는 생각이 아니다. 더 뛰어나게 아름다운 것을 오늘날 사람

---

28. 1917년 창덕궁 화재로 인해 전각이 소실되면서 경복궁의 강령전과 교태전이 창덕궁으로 이축되었다.

은 세울 수 없지 않나. (아, 내가 멸망해가는 나라의 고통을 여기에 새롭게 이야기할 필요는 없을 것이다.) 일본의 모든 사람이 이 무모한 소치에 아쉬움을 느낄 것이 틀림없다. 지금 경성에서 그 일이 침묵 속에 강요되고 있다. (⋯)

이조의 대표적인 건축 강령전과 교태전은 이미 다른 곳으로 이전되어 변형되었고 지금은 온돌의 연통만이 작은 산[29]에 외롭게 서 있다. 가장 크고 중요한 건축인 근정전을 문을 통해 우러러보는 날은 다시는 돌아오지 않는다. 그 바로 앞에 세워질 동양 건축과는 아무런 관계가 없는 대규모 서양풍 건축, 즉 총독부 건물이 준공을 서두르고 있다. 주위의 자연을 고려하고 건물과 건물의 배치를 고심하고 모든 것에 균등의 미를 포함시켰고 순수 동양 예술을 지키고자 한 노력은 완전히 파괴되고 방치되고 무시되었다. 그것을 대신하는 창조적인 아름다움이라고는 없는 서양풍 건물이 뜬금없이 이 신성한 지역을 침범했다. (⋯) (강조는 필자)

야나기는 광화문 철거를 아쉬워하며 분개했고 조선총독부 청사의 건설로 경복궁 전체가 파괴되는 것을 우려했다. 그리고 이를 일본인의 양심에 호소하고자 '조선인에 의한 일본총독부'라는 대담한 예를 통해 알기 쉽게 설명하려고 했다.

---

29. 교태전 일곽 뒤에 경회루 연못을 판 흙을 쌓아 만든 작은 산을 일컫는다. 중국 산둥성에 있는 산의 이름을 따 '아미산'이라 불렸다. 아미산 굴뚝은 1985년 보물로 지정되었다.

그러나 앞의 인용문에서 굵은 글씨로 표시한 부분은 가려진 채 게재되어 야나기가 표한 유감과 '조선인에 의한 일본총독부' 예시는 독자에게 전달되지 않았다. 그러나 『동아일보』에는 전문이 번역되어 실렸으며,[30] 광복 후 한국 최초로 근대 건축사 연구를 시작한 건축사가 윤일주는 『환경문화』 52호(1981) 「건축 유산: 남겨진 두 괴물」에서 야나기의 글을 구체적으로 소개했다. 윤일주는 이 글에서 "야나기 무네요시의 문장은 명문으로 다시 읽어봐도 가슴에 와 닿는 부분이 있다"라고 평했다.

그런데 야나기가 언급한 '조선에 의한 일본총독부'라 할 만한 광경이 1945년 패전 후 나타났다. 일본을 점령한 연합국은 연합국군총사령부(GHQ)를 황거와 가까운 제일생명관에 마련했다. 근처 메이지생명관 등 사무 빌딩도 연합국군총사령부가 사용했다. 일본이 점령되었음을 실감케 하는 장면이었다.

연출된 위용

비판의 목소리가 커지자 조선총독부는 이미 청사에 입주한 시점인 1926년 7월 14일에 당초 철거할 예정이었던 광화문을

30. [원주] 水尾比呂志, 「解題」, 『柳宗悦全集』 第六卷, 筑摩書房, 1981; 해당 글이 「장차 일케될 조선의 한 건축을 위하야」라는 제목으로 1922년 8월 24일부터 28일에 걸쳐 『동아일보』 1면에 5회 연재된 것은 맞으나, 이때도 전문이 번역되지는 않았다. 저자의 착오로 보인다.

경복궁 동쪽으로 이전하기로 결정했다.

    청사와 관련한 비판이 있는 가운데 이와이를 비롯한 조선총독부 기사들은 경복궁의 보전이나 경복궁 내 다른 전각들과 청사와의 조화가 아니라, 신축 청사의 축선(정면 현관 중심에서 홀 중심을 남북으로 관통하는 중심선)의 설정을 고심했다. 그들은 청사의 축선을 경복궁의 축선(근정전의 중심과 광화문의 중심을 연결하는 중심선)에서 벗어난, 광화문 앞에서 남으로 뻗은 광화문 거리의 축선(도로의 중심선)에 맞추었다. 광화문을 철거하면 청사 정면이 광화문 거리와 접하게 되고, 더욱이 광화문 거리가 큰 폭으로 개수될 예정이었기 때문에 축선을 광화문에 맞춰 설정함으로써 청사 정면이 시가지를 향하게 하려는 의도였다.

    건물 준공 당시 경복궁 출장소장이었던 후지오카 주이치는 「신청사의 설계 개요」[31]에서 이 축선에 대해 "아름다운 근대 도로를 통해 청사의 위용을 조망할 수 있다"라고 썼으며, 또 『조선총독부 청사 신영지』에서는 "청사 신축 위치를 재래의 건물 중심과 맞추면 정면 도로의 중심선에서 벗어나게 되어 그 위용을 바로 볼 수 없기 때문에"라고 밝힌 바 있다. 후지오카를 비롯한 조선총독부 기사들이 '위용'이라는 단어로 청사의 정면이나 외관, 인상을 중시하고 있었음을 알 수 있다. 이 '위용'을 연출하기 위해 신바로크 양식을 채용하는 것은 기사들에게 당연했고 경복궁 전각들과의 조화는 염두에 두지

---

31. [원주] 朝鮮建築会, 『朝鮮と建築』, 5권 5号.

않았다.

　이러한 사실에 비추어볼 때 조선총독부 청사 건설에 관여한 건축가·건축기사는 청사의 '위용'을 목표로 삼고 있었다고 말할 수 있다. 그 '위용'은 단지 신바로크 양식의 외관만이 아니라, 양질의 화강암으로 마감한 외벽, 건물 정면과 맞닿는 광화문 거리와 축선을 일치시킨 배치, 청사 앞에 있던 광화문의 이전, 내부에 설치한 거대한 홀이나 옥좌, 대리석 등을 사용한 마루나 당시 최첨단 디자인을 반영한 스테인드글라스 등의 내장, 그리고 매우 정교하게 배치된 난방 장치나 상시 온수를 제공한 급탕 설비, 오수 정화 장치, 벽에 묻어 넣은 소화전 등의 설비 등 많은 점이 중첩되어 연출되었다.

　이는 1912년 준공된 조선은행 본점이나 경성의 새로운 입구로서 1925년 준공된 경성역, 시구(市區)개정사업으로 이루어진 도로 개수에 맞춰 지어진 경성부 청사(1926년 준공), 경성재판소(1928년 준공)와 함께 도시의 근대화를 보여주는 것이었다.

식민지 지배와 총독부 청사의 신축

총독부 청사는 어떤 의미일까? 어떠한 청사도 총독부 설치 직후 건설되지는 않았다. 건설 비용이나 부지의 확보를 생각하면 당연한 일이다. 대만총독부나 조선총독부나 초기엔 재정적인 여유가 없었다. 총독부의 수입은 지배 지역의 세금이나 관세로부터 나왔는데 이것만으로는 세출 규모를 충당하기 어려였기 때문에 일본 정부에서 '보충금'이라는 명목의 자금을 지원해주었다. 총독부 청사 건설처럼 비용이 많이 드는 사업을 착수하기는 어려웠던 것이다.

대만총독부에서는 1897년부터 1905년까지, 조선총독부에서는 설치된 해인 1910년부터 1920년에 걸쳐 일본 정부로부터 보충금을 받았다. 대만총독부가 청사 신축을 위한 설계경기를 개최한 1907년은 대만 내 독자적인 세입 증가로 보충금이 필요 없어진 해였다. 조선총독부의 경우 설치부터 1916년까지 총 세입 중 보충금의 비율이 12-20퍼센트를 차지했으나 1917년에는 4퍼센트로 떨어졌다. 조선총독부 청사의 본체 공사는 1917년에 시작되었다. 대만총독부처럼 보충금이 아예 필요 없어진 것은 아니었으나 재정적 여유가 생긴 시기였다.

한편, 지배의 중심이 되는 총독부 청사의 부지 확보는 단지 청사를 세우기 위한 것만의 문제가 아니었다. 청사 건설은 성벽으로 둘러싸인 전근대적인 도시의 근대화와 연동되어 있었다. 또 경성과 같이 이미 수도로서의 역사가 긴 도심에 부지를 구하는 것 자체가 곤란했다. 조선총독부가 1911년도 예산에 부지를 정하지 않은 채 청사 건설비를 요구한 것은 부지 확보의 어려움을 보여준다.

병원, 경찰서, 감옥부터

청사 신축이 빠르게 추진되지 않았던 이유는 비용 때문만이 아니었다. 총독부 청사보다 먼저 건설해야 할 건물이 있었다. 식민지 주민 생활과 직접 관련되어 있거나 지배자가 주민을 지배·관리하고 치안을 유지하기 위한 시설이었다. 병원, 경찰서, 감옥 등이 그것이다.

대만총독부가 설치 초반에 힘을 기울여 지은 최초의 공공시설은 타이베이의원이었다. 1897년 착공해 지어진 이 병원은 단층 목조 병동 아홉 동으로 이루어졌으며 수용 인원은 200명이었다. 조선총독부는 통감부 지배하에서 한국 정부가 건설한 구 대한의원(1908년 준공)을 조선총독부 의원으로 이어받아 병동을 증축하며 규모를 확대했다. 병원 건설 및 확장의 목적은 의료 수준 향상을 구체적으로 보여줌으로써 민생의 안정을 꾀하고 그 성과를 지배에 이용한다는 것이었다.

이외에 지배에 반대·저항하는 인물을 단속하기 위하여 확충이 필요했던 경찰서나 수감 시설, 일본으로부터 인재를 확보하는 역할을 한 관사 등 식민지 지배 기관으로서 총독부가 새롭게 지어야 할 것이 많았다. '당근과 채찍'이라는 정책 기조 아래, 주민 생활의 수준 향상과 항일 세력의 단속과 관련한 시설을 짓는 것이 우선이었고, 이에 더해 총독부 직원이 안전하게 직무를 볼 수 공간이 필요했다. 병원, 경찰서나 감옥, 관사 건설에는 이러한 사정이 반영되었다.

대만총독부와 조선총독부의 청사 건설에 총독부 설치 이후 긴 세월이 걸린 것은 이러한 사정이 있었기 때문이다. 식민지 지배기관으로서 총독부는 각 식민지에 군림했다. 청사에 지배의 상징성을 찾아 부여했을 가능성은 있으나 그렇게 완성되었다고 해도 그 자체로 지배에 직접적인 도움이 된 것은 아니었다. 새로 지어진 청사는 다른 공공시설이나 도시 기반 시설과 함께할 때 비로소 지배를 상징하는 존재가 될 수 있었다.

관동도독부

1906년에 설치된 관동도독부도 상황은 비슷했다. 관동도독부는 뤼순에 있던 호텔을 고쳐서 청사로 사용했다. 1919년 민정부가 관동청으로, 육군부가 관동군으로 개편·분리되었을 때도 관동청 청사를 새로 짓지 않았다. 그 후 만주국 성립에 맞추어 1932년에 관동군 사령관이 관동장관과 만주국 주재 일본대사를 겸임하면서 1934년에 관동청이 폐지되었다. 만주국의 수도 신징(현 창춘)에 있는 재만주국 일본대사관에 관동국이 설치되고 그 밑에 관동주의 행정을 담당하는 관동주청을 뤼순에 두게 되었다.

관동군 사령관이 만주국 주재 일본대사를 겸직했던데다 관동군 사령부가 신축되면서 재만주국 일본대사관 산하의 관

관동도독부 청사

동국은 관동군 사령부 건물로 들어갔다. 그러나 관동주청은 1906년부터 관동도독부가 쓰던 뤼순의 청사를 그대로 사용했다.

신축하게 된 계기는 관동주청이 뤼순에서 다롄으로 이전한 것이었다. 대만총독부나 조선총독부처럼 청사 규모가 조직 규모에 맞지 않게 작아서라든가 공간의 편의나 노후의 문제를 따져서가 아니었다. 관동주청이 뤼순에 머물렀다면 계속 관동도독부 때부터 써온 건물을 썼을 것이다.

관동도독부 설치 후 10년 동안의 정부 운영 사항을 정리한 『관동도독부 시정지』에는 도독부 설립 초 청사 신축에 대해 "청사 관사의 신축 경영은 시급한 당면 과제였으나 운영 초기에 거액을 오로지 건축 사업에 투자할 수 없었고, 당장은 버틸 만해 수리하고 임시로 빌려 지내고 이후 재정 상황을 고려해 건축을 추진하기로 하고"라고 설명되어 있다. 이는 청사 신축이 재정난 때문에 곤란했다는 점을 보여준다.

관동부 내 다른 청사도 똑같은 처지였다. 뤼순에 설치된

아르누보 양식의 다롄소방서(히라이 기요시[平井聖] 소장)

관동도독부의 고등 및 지방법원이 대표적이다. 법원 건물은 러시아군이 세운 벽돌 구조의 단층 병사(兵舍)를 전용해 앞면에 현관을 포함하는 2층 건물 부분을 증축한 것이었다. 공사는 1907년 1월부터 9월까지 이루어졌다. 증축에 사용된 화강석은 야마구치현에서, 목재는 대부분 홋카이도에서 조달했다.

재정 부족에도 불구하고 청사로 쓸 기존 건물이 없는 경우엔 어쩔 수 없이 신축해야 했다. 다롄소방서와 다롄민정서 건물이 이에 속한다. 관동도독부 기사였던 마에다 마쓰오토가 설계한 두 건물은 다롄의 중심지로 정비되기 시작한 대광장과 그 주변에 세워졌다. 다롄소방서 청사는 개청식이 1907년 6월이었던 것을 미루어볼 때 준공은 그보다 앞서 이루어졌을 것이다. 아르누보 양식에 벽돌 구조다.

다롄민정서 청사는 1907년 8월 1일에 기공, 다음 해 3월 25일에 준공했다. 건물은 벽돌 구조 2층에, 정면 중앙에 탑을 세우고 양 날개를 돌출시켜 박공면을 보여주고 흰색 모서리돌을 사용해 날개 부분을 강조했다. 마에다가 청사 준공 이후

다롄민정서

근 35년이 지나 쓴 「만주행 잡기」[32]에 의하면, 그는 청사 중앙에는 탑을 세우는 것이라고 생각했고 함부르크 대학 등의 수업에서 배운 유럽 시청사의 사례를 참고해 실제로 그렇게 했다. 조선총독부 청사 설계를 위해 1912년 유럽을 시찰한 구니에다 히로시도 함부르크 시청사가 그려진 엽서를 함부르크에서 가족에게 보낸 점을 미루어볼 때 이 시청사를 둘러봤을 것으로 짐작된다.

관동도독부가 다롄으로 와서야 청사를 지은 것은 기존 건물이 많았던 뤼순에 비해 시가지가 아직 형성되지 않았던 다롄에는 청사로 사용할 수 있는 건물이 없었고, 또 소방서와 행정기관은 모두 주민 생활과 밀접하게 관련되어 미룰 수 없었기 때문이다.

한편, 관동도독부의 고등 및 지방법원에서는 부족한 자재를 일본에서 가져왔다. 그만큼 도독부 지배가 시작된 시기에 건축 재료 수급이 어려웠으며, 그것이 청사 건설을 저해한 요인이었음을 추정할 수 있다.

이처럼 지배기관이 사용하는 청사는 개설 초기엔 신축되지 않았는데, 주된 원인은 재정난이었다. 또한 청사보다 실제 행정을 수행하는 조직의 건물이나 주민 생활과 직결되는 건물 신축이 요구되었고 실제로 먼저 지어졌다. 이는 전용할 수 있었던 기존 건물의 유무나 건축 재료 확보 문제와도 연관이 있었다.

---

32. [원주] 『滿洲建築雜誌』 23권 1호.

총독부 청사의 외관이 말하는 것

다시 노무라 이치로가 관여한 대만과 조선의 총독부 청사로 돌아가 보자. 두 청사는 철근콘크리트 구조, 베란다가 딸린 날일 자 평면과 규모, 정면 중앙에 옥탑을 올린 좌우대칭 구성이라는 공통점을 가진다.

그런데 전반적인 외관은 다르다. 대만총동부 청사가 '다쓰노식'이라면, 조선총독부 청사는 신바로크식이다. 이런 차이의 주된 이유는 설계 시기다. 대만총독부 청사의 설계경기가 치러지던 때에 일본에서 '다쓰노식'이 유행했고, 조선총독부 청사의 설계 및 설계 변경이 이루어진 1910년대엔 영국을 중심으로 에드워드식 바로크라 불리는 양식이 인기였다. 조선총독부 청사 설계를 위해 유럽 시찰을 나선 구니에다 히로시는 이를 민감하게 느꼈을 법하다. 또한 대만총독부에서 조선총독부로 자리를 옮긴 노무라도 이 세계적 조류를 감각했을 것이다.

정면 중앙 옥탑의 경우 대만총독부 청사의 옥탑이 높아 보인다. 전체 높이가 180척(약 54.5미터)에 건물 본체의 높이(옥탑을 뺀 건물 높이)가 80척 2촌(약 24.3미터)이니 옥탑의 높이는 100척(약 30미터)이다. 한편, 조선총독부 청사의 옥탑은 지상에서 옥탑 정상까지가 180척(약 55미터)인데, 건물 본체의 높이가 75척(약 22.7미터)이니 옥탑 자체 높이가 100척이 넘는다. 대만총독부 옥탑 평면이 약 33척(약 10미터) 정방형인 데 비해, 조선총독부의 것은 45척 정방형에 접하는 원통 주위에 원주를 세우고 그 위에 바로크 돔을 얹었다. 대만총독

55

부 옥탑이 높이에 비해 바닥 면적이 작아 세워질 당시부터 '고탑'(高塔)이라고 불렸던 것으로 보인다.

어찌 보면 식민지 지배를 상징하는 절대적인 건축 양식이 없다는 것을 이 두 청사가 보여준다.

2
국책회사 만철의 건축

만철 건축의 탄생

러일전쟁 후에 설립된 만철은 철도 회사로서, 철도 경영뿐만 아니라 철도선변을 따라 넓어진 철도 부속지에 대한 행정, 다롄항의 건설과 경영, 푸순탄광이나 안산제철소 등 광공업, 특히 이공(理工)농학의 연구 개발을 하는 반민반관(半民半官)의 국책회사였다. 따라서 만철이 건설한 건물은 역사(驛舍), 사무소, 공장, 학교, 병원, 도서관, 공회당, 구락부(俱樂部), 호텔, 사택, 그리고 부두 시설이나 전기, 가스, 수도 관련 시설 등 다종다양했다.

만철 본사에 건축 조직(본사 건축계, 후에 본사 건축과, 본사 공사과)이 있었다. 만철 설립 당시 본사 건축계장이었던 오노기 다카하루는 대만총독부 기사라는 직위를 유지한 채 만철에 입사했고. 본사 건축계만이 아니라 만철 회사 내의 다른 부서에 있는 건축가·건축기술자를 통괄하는 만철 건축 조

오노기 다카하루, 대만총독부 기사 시절

직의 이른바 총수라 할 수 있었다. 그리고 그 밑으로는 사법기사 및 대장(大藏)기사직 그대로 만철에 입사한 오다 다케시가 있었고, 요코이 겐스케, 이치다 기쿠지로 등 대학에서 건축을 배운 이들도 있었다. 푸순탄광 영업과장에는 경험이 풍부한 유게 시카지로가 있었다.

이들이 설계한 많은 건축물은 벽돌 구조였고, 퀸 앤이나 르네상스, 바로크 양식을 기조로 한 서양풍이었으며, 기능에 부합한 평면이나 최신 설비의 도입 등 새롭고 창의적인 고민이 반영되었다는 특징이 있었다. 이들을 '만철 건축'이라 부르기로 한다. 다음에서는 만철 건축의 구체적인 예를 보면서 이 특징의 의미를 살펴볼 것이다.

5대 정차장

철도업이 공식 본업인 만철에게 역사(驛舍)의 정비·건설은 중요했다. 1907년, 만철이 본사를 다롄으로 옮기고 실질적인 영업을 시작했을 때 만철의 주요 역이었던 다롄, 뤼순, 펑톈(현 선양), 푸순, 창춘은 '5대 정차장'으로 불릴 만큼 중요했다.

그러나 만철은 5대 정차장을 일률적으로 다루지 않고 펑톈과 창춘의 역사를 우선시했다. 펑톈은 청나라 수도를 제외하고 중국 동북 지방에서 가장 컸고 동삼성(東三省)[33] 총독아문 등 청의 지방 관서와 통하는 곳이었으며 일본이 동북 지방

---

33. 현 중국 동북 지방의 랴오닝성, 지린성, 헤이룽장성을 일컫는다.

을 지배하기 위한 요지였다. 창춘은 러시아가 권리를 확보한 동청철도와 만나는 지점으로서 러일교섭의 장이었다.

다섯 개 정차장 가운데 만철이 제일 처음 지은 것은 다롄역인데, 1907년 만철 개업에 맞추어 임시 가설한 것이었다.

다음으로 만철이 지은 것은 만철 본선과 동청철도가 접하는 창춘역에서 동청철도로 갈아타는 승강장에 설치된 정차장 대합실로 1908년에 준공되었다. 당시 다롄이나 펑톈에서 하얼빈으로 가려면 만철 열차로 창춘역에 도착해 이 대합실을 끼고 같은 승강장의 반대편에 정차해 있는 궤도 폭이 다른 동청철도 열차로 갈아타야 했다. 이 대합실은 환승 승객에게 편의를 제공했다.

5대 정차장 가운데 만철이 처음으로 지은 역사 본 건물은 1910년에 준공된 펑톈역이다. 같은 해에 푸순역도 신축되었다. 환승 승강장 대합실이 먼저 들어섰던 창춘역에서는 1914년에 역사 본 건물이 준공되었다. 펑톈역은 같은 해에 기공한 도쿄역과 마찬가지로 19세기 후반 영국에서 유행했던 퀸 앤 양식의 연장선상에 있는 '다쓰노식' 외관이었고, 3층부터는 소규모지만 펑톈 야마토 호텔이 들어가 있었다. 1937년에 다롄역이 준공할 때까지 만철 최대 역사였다. 1912년 펑톈

펑톈역(1910년 준공)

역사 맞은편에 '다쓰노식'으로 지은 만철 펑톈 공동사무소가 들어서면서 두 건물 사이에 있는 광장은 동아시아 지역에서는 드문 퀸 앤 양식 또는 '다쓰노식' 건물로 둘러싸였다.

1937년에 준공한 다롄역 본 건물은 승객의 동선을 입체적으로 분리한 선진적인 계획으로 평가받는다. 다롄역에서 출발하는 승객은 역사 2층 현관에서 최대 2000명을 수용하는 승차 홀을 지나 개표구를 통과해 과선교를 이용해 승강장으로 향한다.

다롄역에 도착한 승객은 승강장에서 지하로 내려가 지하도를 통과해 역사 본 건물 1층에 도착, 개표구를 통과하여 하차 홀로 나온다. 이전까지 규모가 큰 역사에서는 승강객의 동선을 평면적으로 분리하고 있었기 때문에 참신한 수법이었다. 설계를 담당하고 준공 당시 만철 본사 공사과장으로 있던 오다 소타로는 후에 가족에게 보낸 다롄역 본 건물이 그려진 그림엽서에 "펑톈 야마토 호텔과 함께 다롄역이 만주에서 오직 둘밖에 없는 작품입니다. 좋은 기념물입니다"라고 적고 있다.

승객의 동선을 입체적으로 분리한 다롄역(1937년 준공)

토목, 교육, 위생을 세 기둥으로

만철은 철도 부속지 행정을 맡아 토목·교육·위생을 관리했다. 철도 부속지의 시가지를 정리하고 도로나 상하수도를 건설했다. 철도 부속지에 거주하는 사람들에게 교육의 기회를 제공하기 위해 학교를 설립·운영했는데, 무엇보다 일본인이 일본 국내와 같은 수준의 의무교육을 받을 수 있도록 소학교의 건설과 운영에 신경 썼다. 또한 병원이나 보건소를 정비하고 쓰레기 처리나 도로 청소를 책임졌다.

각 철도 부속지의 시가지 건설 계획은 만철 본사의 토목과 기사들이 수립했다. 펑톈이나 창춘을 비롯한 각지의 철도 부속지에서는 역을 시가지의 중핵으로 하고 격자 모양의 시가 도로를 기본으로 역 앞 광장이나 곳곳에 배치된 원형 광장을 비스듬히 교차하는 도로와 연결하는 식으로 시가지가 정비되었다. 공공시설 등 도시 거점시설이 있는 공간을 광폭 도로로 연결하는 기법은 19세기 후반 유럽에서 주류였던 바로크식 도시계획과 유사하다. 그러나 철도 부속지에서는 철로를 하나의 변으로 삼아 격자 모양의 도로를 두고 거기에 바로크적 도시계획의 수법을 도입한 점, 더욱이 철도역을 그 거점으로 둔 것이 같은 시기 유럽에서 볼 수 있는 도시계획과는 달랐다. 이 수법은 동청철도의 본사가 있던 하얼빈의 시가지 건설에도 일부 도입되었다. 그리고 교육 및 위생 관련 시설은 이렇게 만들어진 시가지의 광장이나 간선도로에 접한 곳에 배치되었다.

만철은 특히 소학교 건설에 힘을 쏟았다. 처음 지은 것은 펑톈, 창춘, 푸순의 소학교로 모두 1908년에 준공했다. 교사는 똑같이 단층의 벽돌 구조로 소규모였다. 겨울 추위가 심한 기후에 맞춰 실내 체조장이 병설되었다.

다롄의원: 건축의 미일 대결

만철은 창업 당시 다롄에 병원의 본원을 두고 주변에 분원이나 출장소를 배치했다. 그 후 1912년에는 분원이나 출장소를 '병원'으로 독립시켰다. 이 사이 안동, 펑톈, 푸순(천금채[34]), 철령, 창춘의 분원·출장소를 차례로 지었다.

병원은 부지 앞쪽에 진료를 보는 본관이, 그 뒤로 입원 병동 등 복수의 건물로 구성되었다. 분관식 건축이라 불리는 파빌리온 타입(pavilion type)은 19세기부터 20세기 초까지 병원 건축의 전형적 구성이었으며, 병동을 늘려 병원 규모를 늘릴 수 있었다는 장점이 있었다. 만철이 세운 병원 건물은 모두

---

34. 푸순의 한 지역으로, 석탄이 풍부해 채굴하면 하루 천금을 벌 수 있다고 해 '천금채'(千金寨)라고 불렸다.

만철 펑톈의원 본관(1909년 준공)

벽돌 구조였고, 본관 정면은 좌우대칭을 이루고 정면 중앙과 양 날개에 계단식 박공을 올렸다.

　병원의 중추였던 다롄의원은 1910년에 설립 제안이 있은 후 두 가지 설계안이 나왔으나 실현되지 않았고 최종적으로 1925년에 본관이 준공했다. 만철은 1912년 본사 건축계장 오노기를 유럽에 파견해 병원 건축을 시찰하도록 하고 다롄의원 신축 설계안 작성을 맡겼다. 오노기는 1906년 준공해 세계적인 주목을 받았던 베를린의 피르호 병원[35]을 참조해 진찰 기능을 구비한 본관의 뒤쪽에 병동을 나란히 2열 배치하는 파빌리온 타입의 안(오노기 제1안)을 만들었다.

　오노기 제1안이 피르호 병원 등 기존의 파빌리온 타입에 비해 뛰어난 점은 종래 병동이 단층이었던 것에 비해 오노기 제1안은 모든 병동을 지상 2층, 지하 1층(반지하)으로 다층화

35.　원서에 フィルショウ이라고 표기돼 있으나 フィルヒョウ의 오기인 것으로 보인다. 루돌프 피르호(1821-1902)는 독일의 의사, 병리학자이다. 그의 발의로 1898-1906년 베를린 북부에 세워진 피르호 병원은 파빌리온 양식으로 지어진 마지막 병원이다. 제2차 세계대전 이후 재건하면서 파빌리온 구조는 거의 사라졌으나 지금까지 운영 중이다. (샤리테 캠퍼스 피르호-클리니쿰[Charité Campus Virchow-Klinikum] 홈페이지 참조.)

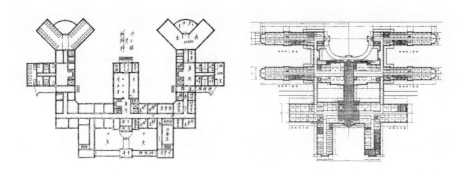

왼쪽_ 오노기가 작성한 만철 다롄의원 본관 신축 설계안(1921년 작성)
오른쪽_ 만철 다롄의원 본관 평면도(1923년 설계)

한 점이었다. 만철은 이 안에 따라 1914년에 공사를 시작했다. 그러나 제1차 세계대전의 영향으로 공사가 일시 중단되었다. 1917년에 병동 2동과 부속 건물을 준공했으나 그 후 예정된 공사가 진행되지 않아 오노기 제1안은 실현되지 않았다.

그 후 만철은 미국 록펠러재단의 기부로 베이징에 세워진 셰허의원(1921년 제1기 공사 준공)에 자극을 받아 다시 다롄의원의 설계를 오노기에게 맡겼다. 오노기는 1921년 1월 21일부터 2월 5일에 걸쳐 베이징, 톈진, 지난, 칭다오에 가서 제1기 공사가 마무리되어가는 셰허의원을 비롯해 주로 유럽인이 설계하고 준공한 지 얼마 되지 않은 병원 아홉 곳을 돌아봤다. 그 시찰 내용은 당시 갓 창간된 『만주건축협회잡지』에 「의원 시찰」이라는 제목으로 2회 나누어 게재되었다. 오노기는 시찰 내용을 토대로 새로운 신축안(오노기 제2안)을 작성했다.

제2안은 복도 양측에 방을 두는 중복도식 평면을 채용했다. 진료과를 하나의 단위(블록)로 삼아 블록마다 엘리베이터를 배치했다. 건물 끝부분엔 V자형 평면의 병실을 두고 V자의 부채꼴 부분에 햇빛이 그대로 들어오는 선룸(sunroom)을 계획했다. 이러한 구성은 그가 시찰했던 톈진의 동아의원과 베이징의 중앙의원을 주로 참고한 결과였다. 또 다층 건물인 점에 대응하여 세 곳에 엘리베이터 네 기를 설치했다. 제2안은 당시의 병원 건축으로서 세계적 수준이었으나 만철이 추구했던 '동양 제일 규모'에는 미치지 못했다.

만철은 1922년 6월 28일 미국의 건축회사 풀러사의 일본법인 풀러 오리엔트사와 다롄의원 본관의 설계·시공 계약을 맺었다. 오노기 제2안은 폐지되었다. 풀러 오리엔트사가 작성한 설계안은 지상층 면적 3만 제곱미터에 지상 6층, 지하 1층짜리 건물로 당시로서는 거대한 규모였다. 진료과마다 만들어진 단위(블록)를 다층화하여 건물 규모가 커졌다. 모든 시설을 하나의 매스로 처리할 수 없었고 각 블록은 복도로 연결했다. 결국 파빌리온식 건물을 쌓아 올린 형태가 되었는데, 당시 대형 병원은 대개 이런 형태를 취할 수밖에 없었다.

풀러 안에 따라 1923년 3월 27일 다롄의원 본관 건설이 시작되었고 1924년 여름에 외벽 공사까지 마무리되었다. 그러나 그해 10월 21일 풀러 오리엔트사가 공사 계약의 해지를 요청했다. 만철은 남은 공사를 다롄에 본점을 둔 다카오카공무소와 하세가와구미의 공동기업체에 발주했고 1925년 12월에 준공했다. 다롄의원 본관은 대규모 병원 시설을 지을 수 있다는 만철의 재력을 대외적으로 과시한 결과였으며, 한편으로는 수준 높은 설계 내용을 담은 오노기 제2안을 채택하지 않음으로써 만철의 설계 조직이 갖춘 뛰어난 능력을 보여줄 기회는 놓쳐버린 것이었다.

이외에도 만철이 추진한 다양한 사업에 따라 건설한 주요 도시의 호텔, 문화 시설인 도서관이나 공회당, 일본 정부가 경영을 위탁한 다롄항, 그리고 사원 확보를 위해 세운 사택 등 볼 만한 건물이 많다.

야마토 호텔

만철은 창업 시기에 다롄, 호시가우라, 뤼순, 펑톈, 창춘에 직영하는 야마토 호텔을 개장했다. 이 호텔은 단순히 여행객의 숙박을 해결하는 곳 이상이었다. 호시가우라를 제외한 네 곳은 시내 중심에 위치해 창업 초기엔 손님을 접대하는 기능이 더 컸다.

나중에 다롄의 중심지로 부상한 원형 광장인 '대광장'(현 중산광장)에 접해 있던 야마토 호텔 건물은 지상 4층, 지하 1층의 철골 벽돌 구조였다. 1909년 기반 공사가 시작되어 1911년 본체 공사에 돌입했으며 1914년 3월에 준공했다. 원형 광장에 맞닿은 부채 모양 부지를 따라 건물 평면 역시 뒤쪽이 넓어지는 형태여서 건물 뒤쪽 중앙에 연회장을 겸한 큰 식당을 두었다.

다롄 야마토 호텔은 하층·중층·상층으로 나뉜 정면 중층에 두 개 층을 가로지르는 이오니아식 자이언트 오더를 나란히 놓은 르네상스 양식이다. 만철의 건물 중에서는 많지 않은 서양 고전 양식에 기반한 건물이었다. 여름밤에 실외 레스토

다롄 대광장

랑으로 변하는 옥상 정원, 바(bar)나 플레이룸, 독서실, 큰 식당 외에도 중소 규모 식당 등의 시설과 증기난방, 엘리베이터 등 수준 높은 설비는 다롄 야마토 호텔의 격식을 보여주었다. 다롄 야마토 호텔은 단순 숙박 시설이 아니라 접대 장소로, 특히 다롄에 거주하는 일본인이나 서양인의 사교장으로 기능했다.

　야마토 호텔 가운데 가장 일찍 지어진 창춘 야마토 호텔은 만철과 동청철도가 접하는 지점에 있어 교섭의 장 역할을 했다. 1907년 9월에 기공해 1909년 10월 준공, 다음 해 2월에 개장했다. 창춘점이 다른 야마토 호텔보다 주목을 받는 것은 아르누보 양식의 의장 때문이다. 이보다 앞서 동청철도가 하얼빈역이나 본사를 비롯해 철도 학교, 사택에서 철도 공장에 이르기까지 아르누보 양식을 많이 채용했다. 그러니 러시아와 일본의 접점이었던 창춘에서 러일교섭의 장으로 활용된 이 호텔에 아르누보 양식을 채용한 것은 자연스러운 발상이었을 것이다. 동청철도가 택한 아르누보 양식이 국가의 체면, 위신을 세우는 구체적인 양식이라고 생각했을 것이다.

다롄 대광장에 면한 야마토 호텔(1914년 준공)

다롄항 선객 대합소

만철은 창업 당시 일본 정부로부터 다롄항의 경영을 위임받았다. 그 결과 경영에 필요한 많은 시설을 건설했는데, 주목할 만한 건축물 가운데 선객 대합소가 있다. 여객용 부두로 만들어진 다롄항 제2부두에는 다롄역에서 뻗은 간선에서 갈라져 나온 선로를 따라 열차가 부두 안까지 들어올 수 있었다. 덕분에 여행객들은 여객선과 열차를 쉽게 갈아탈 수 있었다. 만철은 1908년 8월에 상하이 항로를 개설하고 같은 해 10월에 다롄-창춘 간 급행열차 운행을 개시했다. 그리고 상하이 항로의 여객선이 다롄항에 도착하는 것에 맞추어 창춘행 급행열차를 다롄 제2부두 내 선로에 대기시켜 실질적으로 다롄항을 시발역으로 삼았다. 그 결과 상하이에서 다롄 이북 지역으로 가는 여행객의 환승이 용이해졌으며, 상하이 항로와 만철 본선이 시베리아 횡단철도의 유럽-아시아 간 연락운송 경로에 편입되었다.

다롄항 제2부두에서 객선-열차 환승은 당초에 실외에서 이루어졌다. 1924년 만철은 제2부두에 있던 철근콘크리트 구조의 단층 창고 두 동을 한 동으로 연결하고 2층으로 증축해 부두 대합소로 개조했다. 창고였던 1층을 기차 플랫폼으로 사용했고 2층이 선객 대합소였다. 접항한 객선에 오르고 내릴 수 있는 다리가 2층에 있어 승객이 배에 오르는 사다리를 통하지 않고도 이동할 수 있었다.

일본 정부는 만철 사원을 모집하기 위해 공무원이 자기 직위를 유지한 채 만철에 입사할 수 있는 제도를 신설했다. 또 만철은 각종 수당을 마련해 실질적으로 일본 국내 관공서보다 높은 급여를 지급했고, 복리후생에 신경 쓰고 질 높은 사택을 준비했다.

최초의 사택은 다롄 오미초 사택과 푸순의 사택이다. 이것들은 모두 한 동에 4호에서 8호가 있는 2층 집합주택이었다. 건물 앞뒤로 정원이 있는 모습은 영국이 교외 개발을 하며 지은 테라스 하우스나 두 가구 연립주택(semi-detached house)을 모방한 듯했다. 푸순 사택에는 풍부한 석탄을 원료로 집중 증기난방 설비를 설치했고, 일본에서는 누리기 어려운 쾌적하고 편리한 생활이 보장되었다. 『건축잡지』는 오다가 설계한 다롄 오미초 사택의 준공을 보도하며 "만주의 명물 또는 좋은 성적을 거둔 사업"이라고 평했다.

세계 수준의 만철 건축

만철 건축은 오노기가 이끄는 만철 건축 조직이 시행착오를 겪으며 탄생시킨 독자적인 것이었고 일본인 건축가가 일본이 지배하는 지역에 확립한 유일한 건축이다. 만철이 중국 동북

길 건너편이 오미초 사택 단지이다

지방을 지배하는 과정에서 필연적으로 등장한 것이기도 하다. 다양한 사업을 벌였던 만철은 그게 걸맞은 건물이 필요했고, 그것들을 어떻게 세울지는 만철 건축 조직 전체에 부여된 과제였다. 오노기는 이와 관련해 두 가지 명확한 답변을 보여준다.

만철이 초기에 건축물 본체를 벽돌 구조로 한 것은 내화·불연화 및 한랭 기후에 대응하기 위해서였다. 벽돌 구조는 필연적으로 서양풍 외관을 만든다. 만철 건축 조직이 벽돌 구조를 적극 추진한 결과 주변 시가지 또한 서양풍으로 이루어졌다.

오노기 등은 여기에서 만족하지 않았다. 새로운 건물을 세울 때마다 시행착오를 반복하면서도 창의적인 고민을 했다. 오노기가 두 번이나 설계한 다롄의원 계획안, 여객 열차와 객선을 갈아타기 편리하도록 만든 다롄항 선객 대합소, 유럽의 최신 보양원(保養院)을 참고한 남만주보양원, 오르내리는 여행객의 동선을 입체적으로 분리한 다롄역, 푸순 사택의 집중 난방 등이 그 예다. 그 가운데에는 '세계 건축'이라고 할 만한 것도 있었다.

만철 건축은 초대 만철 총재 고토 신페이의 '문장적 무비'론과 오노기를 비롯한 건축가들의 세계관, 당시 동아시아 지역의 국제질서가 작용한 것이었다.

문장적 무비

고토가 주창한 '문장적 무비'는 군사력에 의지하지 않고 경제력과 주민 생활환경을 향상시킴으로써 지배한다는 이론이다. 이를 위해서는 교육, 위생, 학술을 충실히 할 수 있는 시설이 필요했다. 만철이 차례로 건설한 시설은 이 같은 목적에 부응하는 기능적인 건물이었고, 여기에 더해 주민의 생활환경을 현격히 향상시키기 위한 창의적인 부분도 요구되었다. 무엇보다 철도 부속지에 대한 만철의 지배 능력을 보여주기 위해서는 중국 각지에 열강들이 지은 건축물과 동등하게 질이 높은 건물을 지어야 했다.

만철 건축은 다른 열강들에게 자신의 지배 능력을 과시하는 한편, 피지배자들에게는 생활환경 향상을 표방해 만철에 의한 지배를 정당화하는 역할을 했다. 그렇기에 세계적인 수준의 건축물이 요구되었고, 만철 소속 건축가들은 그 요청에 응해야 했다.

그들은 다롄을 거점으로 활동을 시작하면서 본보기가 될 건물이 자신들의 주위에 있다는 점에 착안했다. 상하이, 칭다오, 텐진, 하얼빈 등 중국 내 서구 열강의 조계지나 철도 부속지에 세워진 건물을 모델로 삼았다. 개개 건물과 그것들이 형성한 시가지를 가까이에서 관찰하면서 얻은 지식과 자극을 토대로 만철 건축을 성립시켰다.

서구 열강이 중국 각지에 세운 건축물과 비교될 수 있었기에 만철 건축은 서양 건축에 기반했다. 다쓰노식으로 지어진 평톈역과 평톈 공동사무소와 이들에 둘러싸인 평톈역 앞

광장이 그 전형이다.

만철 건축은 일본 국내에서 교육받은 일본인 건축가가 동아시아의 일본 식민지에 파견돼 공부한 결과를 일본 바깥에서 보여준 사례라고 말할 수 있다. 그러나 높은 수준에 도달한 건축물 몇몇은 중국 내 세계적 수준의 건축물들을 접하면서 쌓은 견문과 지식이 낳은 결과라고 볼 수 있다.

3
만주국 정부의 청사

괴뢰정권에 의한 지배

일본은 1930년대부터 괴뢰 정권을 세워 동아시아 지배를 이어갔다. 겉으로 보기엔 현지인들이 정권을 조직하지만 그 정권은 일본군이나 일본 정부의 영향 아래 권력 행사에 제한이 있었다. 최초의 괴뢰 정권은 만주사변 이후 1932년에 성립한 만주국 정부다.

만주국 성립 당시 정부 청사는 전부 수도 신징(본래 지명 창춘) 시내에 있던 기존 건물을 전용한 것이었다. 예를 들면 행정의 중추였던 국무원이 들어간 곳은 창춘시의 청사였다. 이곳에 참의부, 총무청, 법제국뿐 아니라 만주국 성립 직후 1개월은 집정에 오른 푸이[36]의 집무소와 주거(집정부)까지 입주해 있었다. 본래 집정부는 길흑각운국[37]을 사용할 예정이었으나 리모델링이 필요해 임시로 국무원과 함께 지내게 된 것이다. 또 민정부 등 다섯 개 부(府)는 육군병원을, 사법부는 감

---

36. 푸이(溥儀)는 중국 청의 마지막 황제로, 1908년 세 살의 나이로 즉위했으나 쑨원 등이 일으킨 신해혁명(1912)의 여파로 퇴위했다. 1932년 일본에 의해 만주국 집정(執政)으로, 이후 만주국이 제국으로 격상된 1934년부터는 만주국 황제를 지냈다.

37. 1913년에 설립된 소금전매관리국으로 초기에는 지린성(吉林省)·헤이룽장성(黑龍江省)을 관리하다가 15국까지 확대되기도 했으나 2국(지린성·헤이룽장성 1국과 이외 1국)으로 재편되었다.

찰부, 토지국과 함께 피복창(被服廠)을 사용했다. 피복창은 공공기관의 단체 제복 따위를 만들거나 수선하던 곳이기 때문에 리모델링을 거친다고 해도 청사로 쓰기는 어려웠다.

만주국 정부는 1932년 5월, 만철 본사 공사과에 재직 중이던 아이가 겐스케를 신징으로 불러 정부 청사 2동과 직원 기숙사 설계를 맡겼다. 아이가는 같은 해 9월 16일 국도(國都) 건설국 기술처 건축과장에 임명되는데, 설계는 이미 4개월 전부터 시작한 상태였다. 그는 평면과 외관이 똑같은 하나의 안으로 청사 두 동에 적용할 작정이었다. 실제로 평면은 하나의 안만 만들었으나, 외관은 만주국 정부가 내건 '순천안민'(順天安民), '오족협화'(五族協和), '왕도낙토'(王道樂土)라는 정치 이념의 표현을 고민하다가 부분적으로 다르게 바꾼 두 가지 안을 제출했다. 결정은 국무원회의에 맡겨졌다.

국무원회의는 두 안으로 제1청사와 제2청사를 건립할 것을 결정했다. 만주국 정부로서는 앞으로도 청사를 더 지어야 할 필요가 있었으므로, 두 안을 모두 채용한 것이 문제가 되진 않았다. 제1청사는 1932년 7월 21일에, 제2청사는 그로부터 열흘 후에 각각 기공했다. 제1청사는 착공한 지 4개월이 지난 같은 해 11월 17일부터, 제2청사 역시 11월 27일부터 사용했다. 당시 만주국 정부에게 청사가 얼마나 시급한 사안이었는지를 보여준다. 준공은 각각 1933년 5월 30일, 6월 15일에 했다

만주국 정부 청사의 원형이 된 제2청사

동일한 평면으로 설계된 두 청사는 외관상도 비슷한 점이 많았다. 둘 다 정면 현관을 중심으로 좌우대칭에 중앙 뒤쪽에 탑이 있었다. 건물 처마 아래로 수직·수평 방향의 비례 관계나 창 분할, 중앙과 양단부를 앞으로 뺀 구성도 같았다.

그런데 처마 윗부분의 외관은 두 청사가 다르다. 먼저, 탑을 세운 방식이 다르다. 제1청사에는 정면 중앙 뒤쪽에 높은 탑이 한 기 있을 뿐인데, 제2청사에는 정면 중앙 뒤쪽의 높은 탑은 제1청사와 같으나 그 바로 앞과 양끝에 각각 작은 탑을 얹었다. 또한 탑 윗부분의 지붕도 차이가 있다. 제2청사의 높은 탑과 작은 탑은 중국풍의 방형(方形)지붕을 걸치고 있다. 마지막으로 처마의 처리가 다르다. 제1청사가 일반적인 방수 패러핏(parapet) 위를 단순한 장식으로 마무리한 데 비해 제

위_ 만주국 정부 제1청사(1933년 준공)
아래_ 만주국 정부 제2청사(1933년 준공)

2청사에는 패러핏에 중국풍의 처마지붕을 얹었다.

아이가는 두 동을 같은 광장에 접한 부지에 나란히 세운다는 결정에 반대했으나 받아들여지지 않았다. 그러자 그는 청사 위치를 부지 뒤쪽으로 옮기고 청사 앞에 넓은 정원을 확보했다. 이것은 2동이 동시에 나란히 건립하는 것 때문에 예상되는 비판을 아이가가 피할 목적으로 후일 청사 앞면에 증축하는 것으로 청사 전체를 덮어 숨기는 것을 생각한 결과였다.

제1청사와 제2청사를 나란히 세운 것은 세 가지 결과를 불러왔다. 첫 번째는 만주국 정부 내부의 제2청사 외관에 대한 평가가 그 후의 만주국 정부 청사의 외관을 결정 짓게 되었다는 것이다. 두 번째는 아이가가 예상한 것처럼 제1청사와 제2청사가 나란히 세워진 것 때문에 비판이 일어난 점이다. 세 번째는 공사 중이었던 1933년 2월 8일, 국무원에 총리 직속의 관아건설계획위원회라는 조직이 만들어진 점이다.

제2청사에 대한 평가에 따라, 만주국 정부의 청사는 좌우대칭 정면에 옥탑을 올려 중앙을 강조하는 것을 기본형으로 삼고 중국풍 지붕을 얹고 외벽에 다갈색 타일을 붙이기로 했다. 도쿄제국대학 교수, 건축학회장 등을 역임한 사노 도시가타[38]를 비롯해 일본인 건축가들은 비판의 목소리를 높였고, 사노는 아이가를 철저히 통렬하게 비판했다.

---

38. 사노 도시가타(1880-1956)는 도쿄제국대학 건축학과를 졸업했다. 다쓰노 긴고의 제자로 1911년에 독일로 유학을 떠났다. 대학 교수뿐 아니라 내무성, 궁내성 등에서 건축 관료로 일하며 다양한 활동을 했다.

제2청사를 기본형으로 삼은 만주국 정부 청사들에 대해서는 당시 도쿄제국대학 교수였던 기시다 히데토가 『만주건축잡지』(1942년 10월)에 「만주 건국 10주년과 그 건축」이라를 글을 게재해 철근콘크리트 구조로 중국 건축을 표현하는 데에는 한계가 있다고 지적했다. 건축 재료를 벽돌에서 새로운 재료인 철근콘크리트로 바꾸는 것만이 능사가 아니라, 철근콘크리트 구조에 어울리는 형태가 있는데 만주국 정부 청사 건축의 외관은 거기에 어울리지 않는다는 주장이었다. 더불어 만주국 사법부 기정(技正)[39]이었던 마키노 마사미 역시 「건국 10년과 건축문화」를 통해 "당사자가 양식에 대해 자신감이 없다"라고 비판했다.

두 청사의 공사가 진행 중이던 1933년 2월 8일, 만주국 정부는 국무원 총리 직속의 관아건축계획위원회라는 조직을 발족했다. 이 위원회는 관아 건축이 부족한 상황을 타개하기 위해 이후 건설 계획을 검토할 목적으로 설립되었으며, 발족 직후인 같은 해 2월 13일에 국무원은 위원회에 관아 및 공공 건축물 기본 계획을 조속히 확정하라는 취지의 훈령을 발포했다. 이후의 청사 설계안은 관아건축계획위원회에서 검토하게 되었다. 13명의 위원은 만주국 정부를 구성하는 각 부의 차장들이었으며, 열 명의 간사는 총무청이나 국도건설국의 기정으로 채워졌다. 건축 전문가는 아이가 한 사람이었다.

---

39. 기술직 공무원 직급 명칭이다. 기원(技員)-기사(技士)-기좌(技佐)-기정(技正)-기감(技監) 순으로 높아지는 체계였다. 기정은 지금의 이사관에 해당한다.

만주국 정부 청사의 정점
국무원 청사

만주국 정부의 중추였던 국무원 청사는 1933년도에 제4청사로 건설 예산이 편성되었으나 실제로는 제5청사로 준공된 건물이다. 연면적 1만 9111제곱미터 규모로 철근콘크리트 구조의 지상 4층이며, 1934년 7월 19일 기공, 1936년 11월 20일 준공했다. 국무원 청사 다음에 지어진 정부 청사들은 만주국 정부가 관청가(官庁街)로서[40] 정비를 시작한 순천대가(順天大街)에 인접해 지어졌다. 순천대가는 도로 북쪽 끝에 계획된 황제 푸이의 새로운 궁전 앞의 정원에서부터 남으로 뻗는 길이 약 1.5킬로미터, 폭 60미터의 간선도로였다.

국무원 청사 설계는 만주국 정부의 건축 조직이었던 수용처(需用處) 영선과가 맡았으며, 담당자는 속관(属官)[41]이었던 이시이 다쓰로였다. 『만주건축잡지』 22권 10호(1942년 10월)의 「국무원을 세울 때」라는 글에 따르면, 청사 설계의 조건은 건설비 100만 엔, 만주풍의 외관, 부지는 시가지로부터

---

40. 관청이 많이 모여 있는 지역을 일컫는다.
41. 하급 관료인 판임관 가운데 문관(文官)을 일컫는다.

중화전

2, 3킬로미터 떨어진 초원이라는 세 가지였다. 설계에 가장 영향을 준 것은 만주풍 외관의 건물이라는 조건이었다.

이시이는 이를 충족하기 위해 '궐'(闕)이라 불리는 중국 전통 건축을 차용해 건물 양 날개를 앞으로 돌출시켰고, 탑에 중국풍 방형지붕을 놓되 분가와라(本瓦)[42] 방식으로 기와를 얹는다는 답변을 내놓았다. 그러나 청사 외관 전체를 만주풍으로 하는 것은 피하기 위해 정면 중앙의 차량 대기 공간이나 양끝 출입구에 토스카나식 자이언트 오더를 배열했다. 자이언트 오더가 나란히 있는 만주국 정부 청사는 제3청사와 국무원 청사뿐이다. 건물 정면은 패러핏과 처마 부분 코니스로 분할해 서양 건축에서 볼 수 있는 3층 구성의 외관에 가깝다고 볼 수 있다. 중앙 탑에는 각 면마다 토스카나식 오더를 네 개씩 배열해 그것들이 탑 둘레의 처마를 떠받치고 있으며, 보주(宝珠)[43]를 얹힌 네모난 지붕이 걸려 있다. 이 지붕 형태는 자금성 전각 중 하나인 중화전과 비슷하다. 이시이가 1934년 1월에 베이징을 여행하며 수용처 영선과 고문으로 있던 아오키 기쿠지로(전 만철 본사 건축과장)의 추천으로 고궁 견학을 했던 점을 미루어볼 때, 중화전의 지붕에서 국무원 탑 지붕을 착안했을 가능성이 있다.

---

42. 위로 크게 굽은 기와인 마루가와라(丸瓦)와 아래로 살짝 굽은 기와인 히라가와라(平瓦) 두 종류의 기와를 한 줄씩 교대로 배치하는 방식을 말한다.
43. 위가 뾰족한 불꽃 모양의 구슬을 뜻한다.

머리가 큰 옥탑이라고 비난받은
사법부 청사

국무원 청사 신축안으로 관아건축계획위원회는 이시이의 안을 채택했고, 아이가가 작성했던 국무원 청사 설계안은 동시에 신축이 검토되고 있던 사법부 청사에 이용되었다.

　아이가 안은 국무원 청사의 이시이 안과 마찬가지로 정면 중앙에 탑을 세우고 중앙을 강조한다는 수법은 같으나 건물 전체에 비해 옥탑이 크다. 또 옥탑에 올린 지붕은 꺾임이 없이 평평한데, 마치 그것을 숨기는 것 같이 옥탑 사방에 설치한 삼각형의 박공이 붙어 있다. 이 당시 사법부 기정이었던 마키노는 「건국 10년과 건축 문화」라는 글에서 아이가의 안에 대해 "머리가 큰 옥탑", "복잡 기이한 옥탑"이라고 비판하고 "보고 놀라게 하는 데에는 성공했다"라고 비꼬았다.

위_ 만주국 국무원 청사(1936년 준공)
아래_ 만주국 사법부 청사(1936년 준공)

사법부 청사에 이렇게 통렬한 비판을 가한 마키노는 국무원 청사의 지붕에 대해선 "정돈되어 있다"고 평가했다. 또 만주건축협회가 1939년에 개최한 '만주건축 좌담회'에서는 건축가 쓰치우라 가메키[44]가 국무원 청사의 탑에 대해선 마키노와 마찬가지로 평하고, 경제부 청사 등 다른 청사에 대해서는 "추악하다"라고 비판했다.

마키노나 쓰치우라는 국무원 청사와 다른 만주국 정부 청사를 구별했다. 다른 청사의 지붕도 중국풍이거나 일본풍의 기와 경사 지붕을 올렸는데 유독 국무원 청사만 긍정적으로 평가된 것은, 국무원 청사의 지붕은 건물 전체의 볼륨과 어울릴 뿐 아니라 서양 건축의 3단 구성과 합치하기 때문이다. 건물 본체와 지붕 사이의 정합성이 없는 나머지 청사들은 그들의 비난을 피할 수 없었다.

국무원 청사와 상하이시 청사의 공통점

이시이가 국무원 청사에서 보여준 수법은 만주국에서는 특이한 것이었으나, 동시대 동아시아로 시야를 넓히면 보편적인 것이었음을 알게 된다.

1920년대 후반부터 1930년대에 중국에서 중국 전통 건

---

44. 쓰치우라 가메키(1897-1996)는 일본 쇼와 시대의 건축가다. 1918년 도쿄제국대학 건축학과에 입학했으며, 1922년 제국호텔 설계 건으로 도쿄에 와 있던 프랭크 로이드 라이트를 돕기도 했다. 이후 미국으로 건너가 활동하다가 다시 일본으로 돌아와서 모더니즘 건축의 영향이 엿보이는 다수의 주택을 지었다.

축에 관한 연구가 진행될 당시 중심적인 역할을 한 량쓰청[45]
은 기단, 벽·기둥·프레임, 지붕 등 세 부분으로 구성되는 중국
건축이 서양 고전 건축의 3단 구성과 비슷하다고 말했다.[46] 이
는 서양 건축과의 공통성을 보여주면서 중국 건축의 상대적
인 자리를 찾는 시도였다. 19세기 말 이토 추타가 「호류지 건
축론」[47]에서 호류지의 중문(中門)을 고대 로마 건축의 신전과
비교하면서 그 공통점을 논한 것도 이와 궤를 같이한다.

　　량쓰청의 사고방식은 당시 중국인 건축가들 사이에 나타
난 '중국 건축의 부흥' 움직임과 맞물려 중국식 의장 사용 등
관아 건립에 큰 영향을 끼쳤다. 이시이 다쓰로가 만주국 국무
원 청사에서 보여준 수법처럼 외관을 3단으로 나누어 상층부

45.　량쓰청(1901-1972)은 청조 말기의 유명한 정치 개혁가였던 아버지가 도쿄
로 망명한 후 도쿄에서 태어나 일본에서 유년 시절을 보냈으나 신해혁명이 일어나
자 중국으로 갔다. 1915년 칭화학교에 입학했고 1924년 6월에 미국 펜실베이니아
대학 건축학과에 입학했으며 1927년 9월부터는 하버드대학 대학원에서 중국 건
축을 연구했다. 1928년 9월 중국 선양시 소재의 동북대학에 건축학과를 창설하고
1931년 6월까지 학과주임을 지냈다. 1932년에 베이징대학 교수가 되었고 1946년
에는 건축학부 학부장에 올랐다.

46.　[원주] 梁思成·劉致平, 『建築設計參考圖集·一卷·台基』, 中國營造學社, 1935.

47.　[원주] 『建築雜誌』 83호.

궁전식 건축의 전형인 상하이시 청사(1933년 준공)

에 중국풍 지붕을 올리는 것이 전형이었다. 대표적인 사례가 1933년에 준공한 상하이시 청사다.[48]

따라서 이시이의 수법은 만주국 정부 청사에 한해서 보면 독특했으나 동아시아에서 전통적 건축 양식 의장과 서양 건축의 양식 의장을 절충하면서 새로운 건축을 도모하는 흐름이 있었던 것을 볼 때 일반적인 것이기도 했다. 오히려 교통부 청사나 경제부 청사와 같이 건물 본체와 무관하게 지붕을 올린 수법이 더 특이한 사례였다. 그것을 지적한 마키노 마사미나 쓰치우라 가메키의 비평은 건축가로서는 당연했다.

수도 건설과 청사 신축의 관계

청사들과 만주국의 왕도낙토, 오족협화, 순천안민이라는 정치 슬로건과의 관계는 강고했다고는 말하기 어렵다. 마키노는 국무원과 함께 순천대로를 접하여 세워진 교통부·치안부·경제부의 각 청사에 중국풍 지붕을 얹힌 것이 국가의 최고 방침이었다고 「건축 10년과 건축 문화」에 서술했다. 정부 중역들이 만주국의 정치 슬로건을 청사 건축에 표현하려고 했음을 보여주는 대목이다.

만주국 정부에게 이것이 중요했다면 그 후에도 계속했을 법한데, 실제로는 제2청사 이후에 건설된 것들은 외교부 청사처럼 중국풍 지붕 없이 세워졌다. 그리고 청사 건축의 설계 내

---

48. [원주] 村松伸, 『上海·都市と建築』, PARCO出版局, 1991.

용을 검토하는 관아건축계획위원회가 유명무실한 존재가 되었다. 이러한 사실은 청사 건축에 정치적 슬로건을 표현하려한 것은 일시적이었고 그다지 중요하지 않았다는 뜻이다.

대만총독부, 조선총독부, 관동도독부 청사의 설립은 각 기관이 설치된 지 16년에서 31년이라는 세월이 필요했던 데 비해, 만주국에서는 불과 1년 만에 첫 청사가 지어졌다. 정부의 중추였던 국무원 청사는 만주국 정부 성립 4년 8개월 만에 준공되었다. 만주국 정부가 청사 건축을 빨리 할 수 있었던 이유는 두 가지 사안과 관련이 있었다.

첫째, 청사 외 시설의 정비 상태였다. 대만, 조선, 관동에서는 청사보다 지배 지역의 주민 생활과 직결되는 시설 건축이 우선 요구되었다. 그 때문에 청사 건축이 늦어졌다. 만주국의 상황은 달랐다. 만철이나 동청철도가 철도 부속지의 행정을 맡아 주민 시설을 정비하고 있었다. 또 펑톈에 거점을 두고 중국 동북 지방을 세력권으로 하는 장쭤린·장쉐량 정권은 독자적으로 근대화 정책을 추진하며 펑톈의 도시 개조를 통한 민생 향상에 힘을 기울이고 있었다. 따라서 만주국 정부가 설립되었을 때 중국 동북 지방의 거점 도시 내 사회 시설은 이미 정비 중이었고 청사 건설을 미룰 필요성이 적었다.

프랑스 건설회사 브로사르 & 모팡의 설계·시공으로 건립된 만주국 외교부 청사(1936년 준공)

둘째, 청사 건설과 수도 건설의 관계다. 만주국 수도가 된 신징에서 정부 청사로 쓸 부지는 국가 프로젝트로 추진한 국도 건설 계획의 사업용지였고, 창춘 시가지로부터 떨어진 초원에 도로 등의 기반 시설이 들어서고 있었다. 청사를 올리는 것은 수도 건설 진척에 중요했고 오히려 시급하기까지 했다. 수도가 건설되는 모습을 보이는 것은 괴뢰 정권의 이미지를 불식하기 위해서도 필요했기에 청사 건축은 차례차례 진행되었다.

4
식민지 은행

지배 지역의 경제를 통제하다

동아시아에 대한 일본의 지배는 군사적 지배(점령)와 정치적 지배만이 아니라, 각 지역을 일본 경제의 영향 아래 두는 경제적 차원으로도 진행되었다. 경제적 지배를 위해서는 지폐(은행권)를 발행하는 은행의 역할이 컸다. 그 대표 격이 당시 일본 내 유일한 외국환 교환 관리 은행이었던 요코하마정금은행과 이른바 식민지 은행으로 일컬어지는 대만은행과 조선은행, 만주국의 중앙은행인 만주중앙은행이었다.

대만은행은 1899년 9월부터 영업을 시작해 일본은행권과 등가의 대만은행권을 발행했다. 대만 내 지점들로 대만 경제에 영향을 미쳤고, 중국 푸젠성의 샤먼시(아모이라고도 한다) 등 중국 남부와 싱가포르 등 동남아시아에 지점을 두었다.

요코하마정금은행은 1902년에 톈진, 상하이, 잉커우에 지점을 설치하고 중국의 화폐제도에 맞추어 은본위의 태환권(초표)을 발행했다. 1906년부터는 철도 부속지로 유통될 것을 내다보고 다롄지점에서도 태환권을 발행했다.

조선은행은 일본이 한국 보호화 정책을 추진하며 1909년 10월에 설립한 한국은행이 모체인데, 일제의 한일병합 후 조선은행으로 개칭했다. 이곳에서는 일본은행권과 등가의 조선은행권을 발행했다.

만주중앙은행은 문자 그대로 만주국의 중앙은행으로 장쉐량 정권에서 발권하던 동삼성관은호(官銀號)[49] 등의 은행 자산을 접수해 1932년 7월 1일 설립되었다. 설립 초기엔 은본위 지폐를 발권하다가 은 시세가 불안정해지면서 1935년 일본은행권과 등가의 만주중앙은행권을 발행하기 시작했다.

이 은행들은 일본은행권과 등가의 은행권을 발행해 각 지역에서 유통함으로써 해당 지역 경제를 일본에 종속시키는 역할을 했으며, 지역마다 본사와 발권 업무를 맡은 지점 건물들이 지어졌다.

대만은행 본점: 일본 최초의 식민지 은행

최초로 본점 건물을 지은 것은 대만은행이다. 대만총독부 영선과 기사였던 노무라 이치로가 설계를 맡아 본점이 문을 연 지 3년이 지난 1902년 9월 기공했다. 1904년 1월에 준공한 이 건물은 목조이며, 외관을 2층처럼 보이게 한 단층 건물이었다.

당시 일본은행 본점(1896년 준공)이나 요코하마정금은행 본점(1904년 준공)에서 볼 수 있듯이 대규모 은행 본점은 일반적으로 철재로 보강된 석조나 벽돌 구조였고 출입구 및 창문에 셔터를 설치하는 방범·방화 대책이 있었다. 그런데 목

---

49. 관은호는 관의 허가를 얻어 은의 매매와 은표 발행을 하던 기관으로 청 정부가 설립했던 금융기구이다.

조 건물이었던 대만은행 본점에는 그 같은 설비가 없었다. 이 시기 대만에서는 타이베이의원을 비롯해 많은 건물이 목조건축이었다. 노무라 이치로는 다른 건물에 견주어 대만은행 본점 또한 목조를 선택했을 가능성이 높다. 방범·방화 설비가 필요하다는 점은 그도 인식했다. 금고는 벽돌 구조로 하고, 건물 외벽은 기와로 기초 처리를 한 후 그 뒤에 회반죽과 방화 페인트를 칠했다.

그 후 두 번째 대만은행 본점이 1934년 8월 4일에 기공하여 1937년 6월 30일에 준공했다. 철골 철근콘크리트 구조에 지상 3층, 지하 1층이었으며, 부지 면적 9519제곱미터로 대만에서는 거대한 규모였다. 이 건물이 준공되고 그 남쪽에 대만총독부 청사, 대만총독부 고등법원 및 타이베이 지방법원 청사(1934년 3월 준공)가 설립되었는데, 이 광경을 두고 "사

위_ 목조 건물이었던 초대 대만은행 본점(1904년 준공)
아래_ 니시무라가 설계한 대만은행 본점(1937년 준공)

법, 행정, 금융의 대본산이 건축의 규모를 다툰다"[50]라고 평한 글이 나오기도 했다.

설계는 시미즈구미 설계부와 제일은행 건축과장을 거쳐 도쿄에서 니시무라건축사무소를 운영하던 니시무라 요시토키[51]가 맡았다. 니시무라는 이 작업 전후로 제일은행 본점(1930년 준공)과 만주중앙은행 본점(1938년 준공)을 설계했다. 모든 은행 본점 건물의 정면에 두 층에 걸쳐 자이언트 오더를 배열했다. 고객을 맞는 영업 공간은 3층까지 보이드(void)로 처리했다. 영업 공간 상부를 비우는 것은 당시에 일본뿐 아니라 다른 나라에서도 쓰이던 수법이다. 고온다습한 만주 기후에 대응하기 위해 냉방 설치를 했다. 영업 공간에서는 기둥 사이 벽에 덕트를 설치해 1층 기둥 밑에서 공기를 빨아들이도록 고안했다.

거대한 만주중앙은행 본점

만주중앙은행은 장쉐량 정권에서 지폐를 발행하던 동삼성관은호, 흑룡강성관은호, 길림영형관은호, 변업은행의 자산을 접수하여 계승하는 형태로 설립되었다. 창춘 시내의 점포를

---

50. [원주]『台湾建築會誌』 6권 5호, 1934.

51. 니시무라 요시토키(1886-1961)는 1912년에 도쿄제국대학 건축학과를 졸업하고 시미즈구미에 입사했다. 1920년에 제일은행 건축과장이 되었고 제일은행의 지점들을 설계했다. 1930년에 제일은행 본점이 준공하고 지점 신축이 일단락된 1931년 3월 제일은행 건축과가 해산한 후 니시무라는 니시무라건축사무소를 개소했다. (西澤泰彦,『東アジアの日本人建築家』, 柏書房, 2011, 118쪽 참조.)

쓰던 길림영형관은호가 후일 동삼성관은호 건물로 옮겼는데, 만주중앙은행은 이 건물에서 영업을 이어가면서 본점 부지를 물색했다. 그러다 만주국 정부가 진행하던 국도 건설 사업 차 조성된 대동광장에 접한 부지를 확보했다.

니시무라는 이 부지 모양을 사용하여 본점의 건물을 설계했다. 건물은 광장에 접한 쪽을 정면으로 하고 3층 높이의 보이드가 있는 영업 공간을 두었고, 좌우 도로에 면해 뒤쪽으로 뻗는 날개 부분을 계획했다. 영업 공간과 날개 부분 사이에는 중앙 마당을 두었다. 1933년 4월에 기초 공사에 착수했고 1935년 5월에 정초, 1938년 6월에 준공한 제1기 공사에서는 중앙의 영업 공간을 포함해 본체와 동측(정면을 보고 오른쪽) 날개 부분이 세워졌고, 서측 날개 부분 공사는 미뤄졌다. 그러나 제2기 공사는 이루어지지 않았다.

니시무라가 제일은행 본점이나 대만은행 본점에서 보여준, 영업 공간 상부를 보이드로 처리하는 수법은 여기에서도 적용되었다. 그러나 만주중앙은행 본점은 연면적 2만 6075제곱미터로 다른 두 은행의 본점과 비교해 규모가 컸다. 영업 공간의 보이드 부분도 2119제곱미터에 달했기 때문에

니시무라 설계로 1938년에 준공된 만주중앙은행 본점

둥근 기둥 26개를 세워 상부구조를 지탱했다. 참고로, 제일은행 본점의 연면적은 1만 7390제곱미터, 대만은행 본점의 연면적은 앞서 기술한 대로 9519제곱미터이다. 건물이 준공하자 1938년 7월 18일 만주건축협회는 공사 관계자를 초빙하여 '만주중앙은행 본점 건물을 말한다: 좌담회'를 개최했다. 여기에서 본점 건물의 외관, 규모, 설비에 관한 특징과 시공의 선진성이 강조되었다.

엄청난 연면적뿐 아니라 사용한 건축 재료의 양, 보이드 크기, 상부구조를 지탱하기 위해 영업 공간에 세운 기둥의 규모, 그리고 이 모든 것을 위해 투자된 거액의 비용이 강조되었다. 독일제 유리를 끼운 천창, 천장을 통해 들어오는 빛으로 밝은 영업 공간과 거기에 서 있는 이탈리아산 대리석 기둥들이 어우러져 방문객들이 감탄할 것이라는 이야기가 나오기도 했다.

구조는 기둥과 보를 이용한 철골 철근콘크리트였으며, 바닥은 철근콘크리트, 벽은 일부를 제외하고는 벽돌 구조였다. 대규모 건물이었기 때문에 철재 사용량이 많았는데, 철골 2440톤, 철근 2650톤 총 5090톤의 철재가 투입되었다. 이 시기 만주국에서 건축용 철골과 철근의 연간 사용량이 9000톤이었던 것을 감안하면, 이 건물에 사용된 철재가 얼마나 많았는지 알 수 있다. 이 정도 철재를 쓰면서 공기가 짧았던 것도 놀랄 일이었다.

좌담회에서는 설비와 관련해 은행 건축에서 필요 불가결한 방범·방화 설비를 갖춘 점을 높이 샀다. 소화전은 서른다섯 곳에, 화재경보기는 서른 곳에 설치했는데 화재경보기가 방범 기능을 겸했다. 금고 주변에는 작은 소리를 감지하는 경보 장치를 설치했다. 또 중앙감시반이라는 컨트롤 패널을 이용해 증기난방을 관리했다.

만주중앙은행 본점 건축사무소장을 지내고 후에 만주국 영선수요국 영선처장이 된 구와바라 에이지는 좌담회에서 "만주라고는 하나 일본의 일류 건물과 같은 건물이 세워질 것"이라는 취지의 발언을 했다. 이 건물의 선진성을 내세운 공사 관계자들의 의견은 어디까지나 일본 내 건축물과 비교한 것이었다. 이전 만철 본사 건축과장 오노기가 다롄의원 신축설계안을 작성할 때 베이징이나 톈진 등 중국 각지를 방문하여 선진적인 병원 건축을 시찰한 것과 같은, 일본 지배지 밖으로 눈을 돌리는 사고방식은 구와바라를 비롯한 좌담회 참석자들에게서 발견할 수 없다.

니시무라처럼 일본의 지배 지역에서 은행을 설계한 또 한 사람의 건축가는 나카무라 요시헤이이다. 조선은행과 요코하마정금은행이 그의 작업이다.

왼쪽_ 니시무라 요시토키
오른쪽_ 나카무라 요시헤이

조선은행 본점

조선은행은 식민지 조선의 중앙은행이다. 1902년부터 일본은행권과 가치가 같은 제일은행권을 발행하던 일본 제일은행이 모체다. 일본은 한국을 보호국으로 삼고 1905년 7월 재정 개혁이라는 명목으로 한국의 통화를 제일은행권으로 바꾸게 했다. 제일은행은 실질적인 한국의 중앙은행이 되었고, 당시까지 한성에 있던 이 은행의 경성지점을 한국 총지점으로 격상하고 건물을 신축하기로 했다.

제일은행 은행장 시부사와 에이이치와 긴밀한 사이였던 다쓰노 긴고에게 설계를 의뢰했고, 그가 운영하는 다쓰노카사이사무소가 설계를 진행했다. 이때 실제로 설계를 담당한 사람이 사무소에 막 입사한 나카무라 요시헤이였다. 나카무라는 다쓰노가 승인한 설계안을 들고 1907년 11월 기초공사 기공에 맞춰 한국으로 건너가 공사에 관한 사전 회의를 주재했다. 그 후 잠시 일본으로 돌아가 다시 한번 다쓰노와 만나 설계를 완료했으며, 제일은행 한국총지점의 임시공사부 공무장으로 임명을 받았다.

조선은행 건물은 철근 벽돌 구조에 르네상스 양식이었다. 바닥이 철근콘크리트이고, 지상 2층(일부 3층), 지하 1층 규모였다. 공사는 1909년 7월 11일, 통감 이토 히로부미를 초대하여 정초식을 개최하고 1912년 1월에 준공했다.

준공할 때까지 건물의 이름이 두 번 변했다. 정초 직후인 1909년 7월 26일, 한국의 보호국화가 강화되면서 한국 정부는 한국은행조례를 공포하고 새로운 중앙은행인 한국은행을 설립하기로 했다. 제일은행은 경성과 부산에만 지점을 남기고 한국에서 철수하고, 제일은행 한국총지점의 자산은 한국은행에 인수키로 했다. 1909년 10월 29일 한국은행이 설립되었고 공사 중이던 건물은 한국은행 본점이 되었다. 그런데 1910년 10월 1일, 일본이 한국을 식민지로 삼고 그 호칭을 조선으로 바꾸면서 한국은행은 조선은행으로, 건물명은 조선은행 본점으로 개칭되었다.

조선은행 본점의 정면은 좌우대칭이고, 중앙엔 차를 댈수 있는 현관이 설치되었다. 돌출시킨 양 날개 부분을 페디먼트로 장식하고, 날개부 외측에 설치한 계단실 위에 돔을 얹었다. 중앙보다 양 날개를 강조한 디자인은 다쓰노 긴고가 벨기에 국립은행을 참고해서 지은 것으로 알려진 일본은행 본점(1896년 준공)에서 사용한 수법과 같다. 그러나 일본은행 본점의 경우 날개부와 연결된 담이 있어 바깥에서는 중앙 현관이 보이지 않는다. 이는 방범을 위한 것으로, 다쓰노가 당시벨기에 국립은행과 함께 참고한 잉글랜드은행 본점을 참고한

다쓰노카사이사무소에서 설계한 조선은행 본점(1912년 준공)

94

것으로 보인다.

하지만 조선은행 본점엔 현관을 숨기는 담이 없고, 당대 은행 건축에서는 보기 드물게 차가 드나들 수 있는 현관을 두었다. 시가지에 들어서는 민간 자본 은행의 경우 보통 전면 도로에 접해 건물을 짓기 때문에 이처럼 차를 댈 공간을 설치할 여유가 없다. 그런데 조선은행 본점은 양 날개가 현관보다 튀어나와 있어 현관과 도로 사이에 빈 공간이 생겼고 이를 활용했던 것이다. 민간 은행이지만, 관아 건축과 마찬가지의 평면이 된 셈이다. 그러나 내부는 건물 중앙의 영업 공간에 보이드를 두고 그 주변에 복도(갤러리)를 두르는 전형적인 은행 형태였다. 규모의 차이는 있으나 1920년대에 이 같은 형식의 은행 건축이 조선 각지에 들어섰다.

조선은행 건축고문

나카무라는 조선은행 본점이 준공한 후에도 일본으로 돌아가지 않고 다쓰노카사이사무소를 나와 조선은행으로부터 받은 포상금으로 경성 시내에 자택을 구입하고 나카무라건축사무소를 개설했다. 이후 조선은행 건축고문이라는 직책을 가지고 조선은행이 다른 도시에 개설하는 지점의 설계에 관여하게 된다. 사회적 지명도가 눈에 띄게 높아진 그는 민간 은행 설계 건도 맡게 되면서 조선 내 열 개 도시에 스무 채에 달하는 은행 건물을 지었다.

1919년 그는 다롄에 사무실을 개설했다. 조선은행 다롄지점과 창춘지점 신축에 대응하기 위해서였다. 조선은행은 1913년 다롄, 펑톈, 창춘에 출장소를 내고 조선은행권을 발행하기 시작했다. 업무 확장됨에 따라 출장소를 지점으로 승격시켜 1916년 펑톈지점, 1920년 다롄지점과 창춘지점 건물을 신축했다. 설계는 모두 나카무라 요시헤이가 맡았다.

펑톈지점은 장쮜린 정권의 거점이었던 펑톈성에 들어섰다. 일본 자본으로 운영되었지만 조선은행과 중국 금융기관 및 상공업자 사이에 금융 거래가 생기고 있었기 때문이다. 이 시기에 장쮜린 정권이 조선은행에 차관 타진을 하고 있으나 중국의 은행보다 안정적인 은행권을 발행하던 조선은행은 장쮜린 정권에게도 필요한 금융기관이었다.

조선은행 입장에서도 좋은 상황이었다. 중국의 상공업자 및 지방 정권과 결합을 강화하는 것은 중국 동북 지방 내 세력 확장과 직결되었기 때문이다. 양측의 생각이 일치하는 가운데 1916년 6월 조선은행은 펑톈성 정부에 최초의 차관(100만 엔)을 지출했다. 차관이 이루어진 지 4개월 후 펑톈지

다롄 대광장에 면해 신축된 조선은행 다롄지점(1920년 준공)

96

대만총독부 청사(현 중화민국총통부)

중화민국총통부 항공사진(출처: 위키미디어 공용)

가오슝시 청사

(許不裂複)　　(景34)　The Government of Korea.　京城朝鮮總督府　　(朝鮮名所)

조선총독부 신청사 최초 계획안

조선총독부 청사

경복궁 안에서 본 조선총독부 청사, 1995년(출처: 위키미디어 공용)

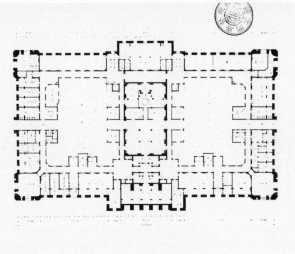

공사 중인 조선총독부 청사(출처: 『조선총독부 청사 신영지』)
조선총독부 청사 1층 평면도(출처: 『조선총독부 청사 신영지』)

조선은행 본점(현 한국은행 화폐박물관)

경성부 청사(현 서울도서관)

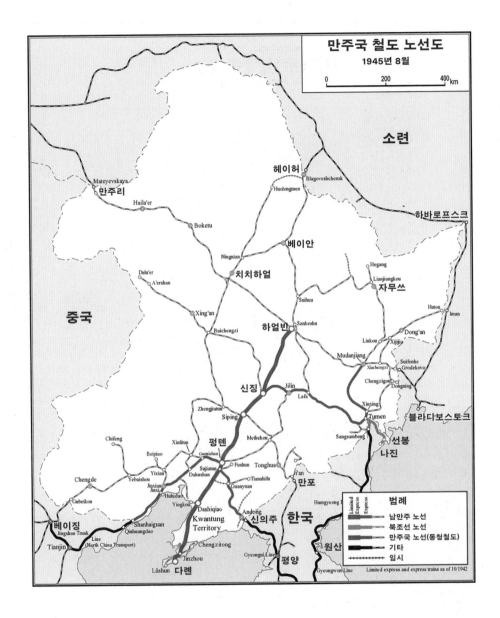

1945년 만주국 철도 노선도(출처: 위키미디어 공용)

大正十二年八月改定
大連市地番改正町名入街市圖
縮尺六千分之一
大連全圖

1923년 만주 다롄 시가도(출처: 하버드대학 옌칭 도서관)

야마토 호텔(현 다롄빈관)

요코하마정금은행 다롄지점(현 중국은행 랴오닝성 지점)

조선은행 다롄지점(현 중국공상은행)

구 야마토 호텔

구 다롄민정서

구 조선은행 다롄지점

구 다롄 시청

구 관동체신국

구 대청은행 다롄지점

구 요코하마정금은행 다롄지점

다롄민정서(현 시티뱅크 다롄지점)
다롄 중산광장(구 다롄 대광장)

다롄역

다롄역사 뒤쪽 과선교를 통해 승강장으로 내려갈 수 있다

다롄항 선객대합소 현관

2층에서 배에 바로 오를 수 있게 설계된 다롄항 선객대합소

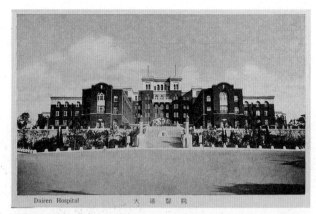

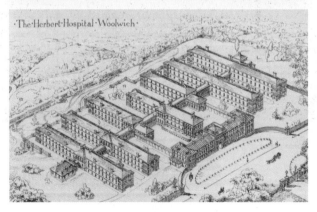

다롄의원 정면

파빌리온 타입으로 지어진 다롄의원

이상적인 파빌리온 배치를 따른 영국 울위치 로열 허버트 병원, 1861-65

Head-office of Manchurian
Central Bank, Hsinking.

行總行銀央中洲滿（京新）

State Council of Mancnoukuo, Hsinking.

容偉の院務國（京新）

만주중앙은행 본점

만주 국무원

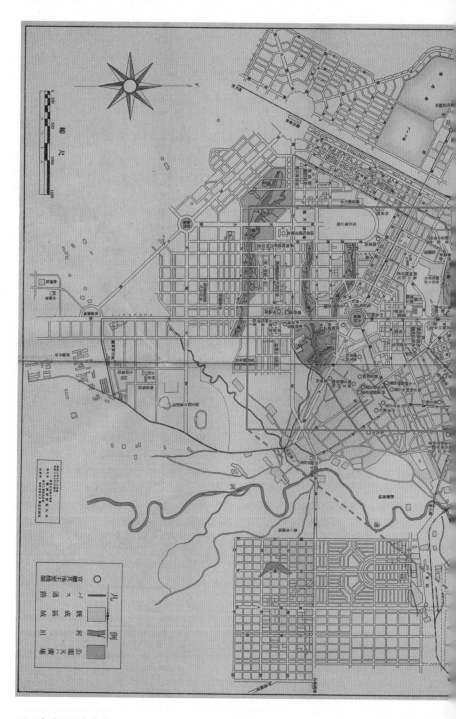

1936년 만주 신징 시가도

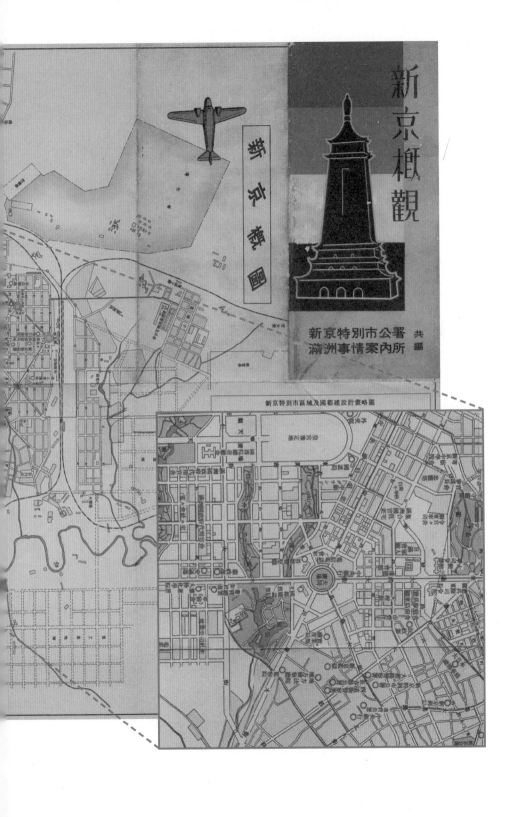

OFFICE-BUILDING OF EDUCATION DEPARTMENT
AND METROPOLIS CONSTRUCTION BOARD, HSINCHING.

NEW BUILDING OF JUSTICE DEPARTMENT
AND NATIONAL ROAD BOARD, HSINCHING.

THE OFFICE OF KWANTUNG PROVINCIAL BOARD.

만주국 정부 제1청사
만주국 정부 제2청사
관동주청

점 건물이 준공되었다.

그 후 조선은행은 다롄의 중심지 대광장에 접한 부지에 다롄지점을 신축한다. 철골로 보강한 벽돌 구조 3층 건물로 1920년 준공했다. 창춘에서도 같은 해 철도 부속지의 중심지였던 남측 광장에 벽돌 구조 2층 건물의 창춘지점을 지었다. 한편, 조선은행 다롄지점이 들어선 다롄 대광장에는 이미 요코하마정금은행과 대청은행(현 중국은행)의 다롄지점이 있었다.

금본위와 은본위가 불러온 혼란

요코하마정금은행은 1902년 톈진, 상하이, 잉커우에, 1906년에는 다롄에 은본위의 태환권을 발행했다. 은본위의 태환권을 관동주나 만철 철도 부속지에 유통시키려는 목적이었다.

이 때문에 관동주나 철도 부속지에 거주하는 일본인은 혼란을 겪어야만 했다. 일본인은 은본위의 태환권보다 금본위의 통화를 원했다. 1907년부터 관동도독부와 만철은 일본은행권으로 급여를 지불하다가, 1913년 조선은행이 펑톈, 다롄, 창춘에서 일본은행권과 등가의 조선은행권을 발행하면서부터 조선은행권으로 급여를 지불하게 되었다.

은본위의 태환권을 발행하던 요코하마정금은행은 이에 대응해 금본위의 요코하마정금은행권을 발행했다. 관동주나 철도 부속지에 은본위와 금본위 두 가지 요코하마정금은행권이 유통되면서 혼란은 가중되었다. 결국 1918년 금본위의 발권이 조선은행으로 일원화되었다. 그러나 관동주나 철도 부속지에서는 은본위의 요코하마정금은행권과 금본위의 조선은행권이 통화의 지위를 둘러싸고 경쟁했다. 이는 관동주와 철도 부속지에서 두 은행의 점포 신축으로까지 이어졌다.

요코하마정금은행과 조선은행의 지점들

다롄에서는 요코하마정금은행이 먼저 지점을 냈다. 1909년 12월 요코하마정금은행은 다롄의 중심가로 막 정비를 시작한 대광장에 접한 부지에 다롄지점을 신축했다. 대광장에서 두 번째로 준공한 건물이었다. 벽돌 구조에 2층이었고, 후방에 철근콘크리트 구조의 금고가 설치되었다. 정면은 좌우대칭이고, 중앙에는 커다란 바로크 돔을, 양끝 계단실에는 작은 돔을 앉혔다. 정면 중앙 입구를 들어가면 보이드로 된 영업 공간이 있다. 뒤쪽으로 점점 넓어지는 부채꼴 부지를 따라 평면도 그렇게 설계되었다.

외벽에는 엷은 황색으로 곱게 꾸민 벽돌을 붙였다. 건물 본체의 설계는 당시 만철 기사였던 오다 다케시가 다롄에서 작성한 안을 일본으로 보내 요코하마정금은행 본점을 설계한 쓰마키 요리나카가 그 내용을 확인하는 방법으로 진행되었다. 다만 먼저 지은 철근콘크리트 구조의 금고는 설계부터 착공까지 관동도독부 기사 마에다 마쓰오토가 담당했다.

다롄에서는 요코하다정금은행이 먼저 지점을 냈으나 펑톈과 창춘에서는 조선은행에 뒤처졌다. 창춘에서 조선은행은 1920년에, 요코하마정금은행은 1922년에 지점을 냈다. 조선은행 창춘지점의 설계는 은행과 관계가 깊었던 나카무라건축사무소 다롄 사무실의 소장 히사토메 히로부미와 직원 무나카타 슈이치가 맡았다. 펑톈에서는 1916년 조선은행이 펑톈성 안에 지점을 신축했고, 요코하마정금은행은 1925년 철도 부속지 대광장에 지었다. 설계는 나카무라건축사무소 다롄 사무실을 1922년에 이어받은 무나카타 슈이치가 했다. 관동주와 철도 부속지에서 금융 패권을 다툰 요코하마정금은행과 조선은행은 모두 나카무라 요시헤이와 그 관계자에게 점포 설계를 의뢰한 셈이다.

요코하마정금은행 다롄지점이나 초대 대만은행 본점 등 식민지 은행의 점포는 대부분 지배 지역에 거점을 둔 건축가가 설계했다. 이것이 식민지 건축의 본래 특징이었으리라고 생각한다. 두 번째 대만은행 본점과 만주중앙은행 본점만 도쿄에 거점을 둔 니시무라 요시토키가 설계했는데, 이는 만주사변 발발과 만주국 성립 등 동아시아 국제관계가 변하고 일

다롄 대광장에 면해 지어진 요코하마정금은행 다롄지점(1909년 준공)

본과 지배 지역 간 결합이 강화되었음을 보여주는 사례라고 해설할 수 있다.

일본 패전 후의 식민지 은행

식민지 은행 건물은 은행 조직이 변한 뒤에도 살아남은 사례가 많다. 조선은행 본점은 1950년 한국은행 본점으로 1980년대 후반까지 쓰였다. 한국은행이 기존 건물 서쪽에 고층 빌딩을 새로 지어 본점을 이전한 후에 구 조선은행 본점 건물은 한국은행 화폐금융박물관으로 개편되어 오늘날에 이르고 있다.

　현 대만은행의 경우, 국공내전에서 패한 국민당 정권이 대만으로 거점을 옮기면서 중화민국의 중앙은행 역할을 하며 일제가 지은 구 대만은행 건물을 그대로 사용했다. 중앙은행

구 대만은행 본점의 현재

의 역할은 나중에 중화민국중앙은행으로 넘어갔으나 현 대만
은행은 구 대만은행 본점 건물을 계속 쓰고 있다.[52]

---

52. 일제 치하의 대만은행은 1899년 설립되어 1945년 폐지되었다. 이후 1946년
대만성이 출자해 새롭게 설립된 은행의 이름 또한 대만은행이다. 중화민국중앙은
행은 1928년 11월 1일 상하이에 설립되었다. 1949년 국공내전 이후 국민당 정권
(중화민국 정부)이 대만으로 이전하면서 중화민국중앙은행도 본부를 옮겼다. 그러
나 대만에서 중앙은행의 역할을 사실상 대만은행이 맡고 있었기에 중화민국중앙은
행은 유명무실했다. 1961년 7월 1일 대만은행이 대행하던 업무가 중화민국중앙은
행으로 이관되면서 실질적인 중앙은행으로서 위상을 되찾았다.

2장 지배기구의
건축 조직과 건축가

이 장에서는 앞에서 다룬 대표적인 식민지 건축에 관여한 지배기구의 건축 조직을 소개하고 그 중추에 있던 건축가의 인물상을 살펴본다.

1
대만총독부의 건축 조직

영선과가 담당하다

대만총독부는 청일전쟁의 결과 일본이 청으로부터 할양받은 대만을 점령한 기관으로 일본 최초의 지배기구였다. 1895년 5월 설립되었고, 이듬해 4월 대만 식민지 기관으로 옷을 갈아 입었다. 총독은 일왕의 대리자로서 대만의 민정과 군사 부문의 정점에서 대만을 지배했다.

표 1. 지배기구 설립 당시 설치된 건축 조직 일람

기관명	설립 연월일	건축 조직명	설립 시 주요 건축기사 (졸업 학교/졸업 연도)	비고
대만총독부	1896.4.1	민정국 재무부 경리과	(기사 없음)	「대만총독부 민정국 각 부 분과 규정」 1896.4.21 시행
		민정국 임시토목부	아키요시 가네도쿠, 호리이케 고노스케(이상 제국대학/1896), 오하라 마스토모(고부대학/1881)	1896.5.2 설립, 1897.11.1 폐지/ 재무국 토목과로 개편
(육군성)	(1895.6.2 대만 할양 문서 조인)	임시 대만전신 건설부	가와이 이쿠지(제국대학/1892)	1895.6.24 설립
조선총독부	1910.10.1	총무부 회계국 영선과	이와이 초사부로, 구니에다 히로시(이상 도쿄제국대학/1905)	「조선총독부 사무 분장 규정」 같은 날 시행
관동도독부	1906.9.1	민정부 토목과	마에다 마쓰오토(도쿄제국대학/1904)	
남만주철도 주식회사	1906.11.27 설립/ 1907.4.1 다롄으로 본사 이전	본사 총무부 토목과 건축계	오노기 다카하루(도쿄제국대학/1899), 오다 다케시(도쿄제국대학/1901), 요코이 겐스케(도쿄제국대학/1905), 이치다 기쿠치로(도쿄제국대학/1906)	「본사 분과 규정」 1907.4.23 실시. 오노기는 건축계장
		푸순탄광 영선과	유게 시카지로(와세다대학/1930)	유게 시카지로, 1908년 2월부터 영선과장
만주국 정부	1932.3.1	총무청 수용처 영선과	고노 미쓰오(와세다대학/1930)	관제는 1932.3.9 실시
		국도건설국 기술처 건축과	아이가 겐스케(도쿄고등공업학교 선과 수료/1913)	관제는 1932.9.16 실시. 관제 실시 이전부터 조직화, 활동 개시. 아이가는 건축과장

(출처) 『官報』, 『南滿洲鉄道株式会社10年史』, 『滿洲国政府公報』 등의 자료를 토대로 재구성. 대만총독부에 대해서는 黃俊銘, 「昭和時期台湾総督府建築技師の年譜(1895-1912)」, 『日本建築学会学術講演梗概集(関東)』(1993년 9월), 1505-1506항 참조.

대만총독부에는 민정을 담당하는 민정국이 설치되었고, 설립 당초에는 민정국 내 경리과와 임시토목부가 건물의 설계 감리나 유지·관리를 담당했다. 그러나 민정국 경리과에는 건축 전문 기사가 한 명도 없었고, 1896년 9월부터 11월에 걸쳐서 아키요시 가네도쿠, 호리이케 고노스케(1896년 제국대학 조가학과 졸업), 오하라 마스토모(1881년 고부대학교 조가학과 졸업) 등 세 사람을 건축 기사로 채용한 임지토목부가 실질적인 건축 조직이 되었다.

그러나 임시토목부는 1897년 11월 1일 총독부 개편 시 폐지되었고, 신설된 재무국 토목과가 '토목건축에 관한 사항'을 관장했다. 이듬해 6월 18일 다시 한번 조직 개편을 하면서 민정국과 재무국을 통합한 민정부가 신설되었고, 토목과는 민정부 소속이 되었다. 그리고 1901년 11월에 공포된 관제에서 민정부 토목국이 새로 생기고 그 산하에 영선과가 설치되어 건축 조직이 확립되었다. 이후 영선과가 대만총독부의 건축 조직 역할을 하게 된다.

그런데 대만에는 이들보다 먼저 부임한 건축기사가 있었다. 청일전쟁 후 대만총독부와는 별도로 1895년 6월 24일자 칙령으로 육군대신 밑에 임시 대만전신 건설부라는 조직이 설치되었다. 대만에서 군사 작업을 수행하며 통신수단을 확보하기 위해 전신 시설을 각지에 건설하는 기관이었다. 관제에 따르면, 기사의 정원은 넷으로 그중 한 사람이 건축 부문으로 같은 해 9월 가와이 이쿠지(1892년 제국대학 조가학과 졸업)가 기사가 되었다.

대만의 건축사가 황준밍은 조직 개편이 잦았고 기사들의 임기도 짧았던 대만총독부 설립부터 민정부 토목과 설치까지의 시기를 '혼돈기'라고 칭한다.[1] 임시토목부 기사였던 세 사람의 경우, 아키요시가 1년 1개월, 호리이케가 1년 6개월, 오하라가 1년 7개월을 일했을 뿐이다. 임시 대만전신 건설부 기사였던 가와이의 근무 기간은 2년 1개월이었다.

진용을 갖춰가다

대만총독부의 건축 조직이 '혼돈기'를 벗어난 것은 그들이 떠나고 그들의 후임자가 민정부 토목과 설치에 맞춰 부임한 1898년부터 1899년 사이였다. 1898년 8월에 후쿠다 도고가 대만총독부 기사에 임용된 것을 시작으로 다음 해에는 가타오카 아사지로, 다지마 세이조, 노무라 이치로가 부임했다. 1903년에 후쿠다가 육군기사로 옮겨 가고 당시까지 대만총독부 촉탁이었던 오노기가 기사가 되었다. 이들은 '혼돈기'의 기사들과 다르게 비교적 장기간 대만총독부 기사로 일했고, 그들의 재임 초기는 민정부 토목과 내 '계'(係)에서 민정부 토목국 영선과로 건축 조직이 확립해가는, 사실상 대만총독부 건축 조직의 진용이 갖춰지던 시기였다. 황준밍은 이 시기를 '초창기'라고 부른다.

---

1. [원주] 黃俊銘, 「昭和時期台湾総督府建築技師の年譜(1895-1912)」, 『日本建築学会学術講演梗概集(関東)』(1993.9.).

이들의 재임 기간을 살펴보면, 후쿠다는 1898년 8월부터 1902년 3월까지 3년 7개월을 대만총독부 기사로 일하다가, 이후 1906년 5월까지 대만육군 경리부 소속으로 옮기며 계속 대만에 체재했다. 오노기는 1902년 10월 촉탁으로 임명되어 1903년 5월부터 1907년 4월까지 3년 11개월간 기사로 근무했으며 촉탁 기간까지 합하면 4년 6개월 동안 대만에 머물렀다. 1902년 1904년까지 영선과장을 지낸 다지마는 그 전후를 합쳐 7개월간 대만총독부 기사로 일했다. 그의 후임으로 영선과장을 10년간 지낸 노무라는 총 15년간 기사로 근무했다. '혼란기' 기사들이 1-2년만 일했던 데 비해 '초창기' 기사들은 근속 기간도 비교적 길고 그 앞뒤를 포함한 대만 체류 기간이 이전 기사들보다 길었다.

'초창기'가 지나 실질적으로 오노기의 후임인 나카에이 테쓰로, 다지마의 후임 곤도 주로, 모리야마 마쓰노스케, 이데 가오루가 기사로 오는데, 그들도 선배들과 마찬가지로 장기간 근무했고 그것으로 대만총독부 영선과의 건축 활동이 유지되었다. 황준밍은 오노기가 만철 기사가 되어 대만을 떠난 1907년 이후를 '발전기'라고 본다.

2
조선총독부의 건축 조직

탁지부 건축소로 일체화

1910년 10월 1일, 조선총독부가 설립되었다. 건축 조직으로는 총무부 회계국 영선과가 설치되었다.

조선의 식민지화는 러일전쟁 시기 일본이 한국을 보호국화하면서 시작된다. 일본 정부는 러일전쟁 발발 후 1904년 2월 23일에 한국 정부와 한일의정서를 체결하고 한국 정부를 일본의 영향 아래 두었다. 그 후 2차에 걸친 한일협약을 체결하고 일본은 한국의 외교를 관리하는 통감부를 설치, 이토 히로부미를 통감으로 한국에 보냈다. 그리고 3차 한일협약 결과 통감이 한국의 내정을 감독하게 되었다.

이 과정에서 일본은 한국 정부 조직의 개편을 요구했고, 건축 조직으로는 총세무사 세관공사부와 탁지부 건축소가 설립되었다. 세관공사부는 일본이 한국 정부의 재정 기반 확립을 목적으로 관세 수입 확보 및 항만 정비를 위해 1905년 12월에 설립한 것이다. 관세 수입을 확보하기 위해 각지 개항장에 세관 청사를 건설하고, 항구에 부두, 방파제, 등대나 보세창고 등의 시설을 짓는 국가 사업을 담당했다.

1906년 9월에 설립된 탁지부 건축소는 한국 정부의 건축 공사를 맡았다. 조직 개편으로 필요하게 된 새로운 정부 청사나 근대화 정책의 일환으로 추진된 병원, 학교, 경찰서 등의 건설을 담당했다. 1907년 12월에 세관공사부가 탁지부 밑으로 옮겨져 임시 세관공사부가 되면서 한국재정고문부가 관할하던 건축토목 공사를 맡게 되었다. 임시 세관공사부가 탁지부 건축소로 흡수되어 한국 정부의 건축 조직이 일원화된 것은 1908년 8월의 일이다.

　세관 시설 건설을 담당하던 조직을 먼저 세워 건축 조직을 정비하고 이를 바탕으로 재정을 담당하는 부서에 정부의 중심 건축 조직을 확립한 일련의 과정은 일본의 대장성(현 재무성) 임시 건축부 설립 과정과 유사하다. 청일전쟁을 거쳐 새로운 군비 증강을 꾀하던 일본 정부는 세입 확대를 목표로 담배 전매 제도를 도입하는 한편, 불평등 조약을 철폐하며 세관의 자주권을 획득하면서 각지 세관 시설 정비가 시급해져, 관련 시설 건설에 필요한 건축가 및 기술자 조직인 대장성 임시 연초 취급소 건축부와 세관공사를 설치한 바 있다. 이들 조직을 모체로 1905년 대장성 임시 건축부가 생겨났고, 내무성이 담당하고 있던 국가 건축물의 설계와 감리는 재정을 관장하는 대장성으로 이관되었다.[2]

　한국에서 세관공사부와 탁지부 건축소가 나란히 있다가 탁지부 건축소로 통합된 것은, 일본의 대장성 세관공사부와 임시 연초 취급소 건축부를 모체로 대장성 임시 건축부가 설립된 것과 같은 이행 모델이었다.

2.　[원주] 博物館昭和村編, 『妻木賴黃と臨時建築局』, 名古屋鐵道株式會社, 1990.

태반은 일본인 건축가

탁지부 건축소는 한국 정부의 건축 조직이었지만 소속 건축가나 건축 기술자는 일본인이었다. 그 중심에 이와다 사쓰키마로(1904년 도쿄제국대학 건축학과 졸업), 이와이 초사부로(1905년 도쿄제국대학 건축학과 졸업), 구니에다 히로시(1905년 도쿄제국대학 건축학과 졸업), 와타나베 세쓰(1908년 도쿄제국대학 건축학과 졸업) 등 젊은 건축가들이었다.

이와다는 1905년 8월, 한국해협(세관) 등대국에 들어가 인천으로 건너왔다. 같은 해 12월 세관공사부가 설립되면서 그곳으로 옮겼고 다음 해 7월 탁지부 건축소에 들어갔다. 탁지부 건축소에서 기사로 근무하다가 한일병합 직전 1910년 7월에 한국에서 세상을 떴다. 건축학회(일본건축학회의 전신) 기관지 『건축잡지』(1910년 7월)는 「정회원 공학사 고(故) 이와다 사쓰키마로 소전(小傳)」을 싣고 "이와다 사쓰키마로는 건축기사로서 한국에 건너간 선구자가 되었고 1905년 8월 초빙에 응하여 인천에 왔다"라고 보도했다. 유감이지만 이 기사와 달리 일본 건축가로서 맨 처음 한국으로 건너온 사람은 이와다가 아니었다. 그러나 한국 정부의 건축 조직에 들어간 일본인 건축가로는 처음이었다.

이와다에 이어서 1906년 9월 탁지부 건축소에 입소한 이는 구니에다 히로시이다. 그는 1907년 8월 통감부 기사가 되었고 1908년 1월에 탁지부 건축소 건축계장이 되었다. 이와다와 구니에다의 뒤를 쫓듯이 한국으로 건너와 1908년 7월에 통감부 기사가 된 사람은 구니에다와 대학 동창인 이와이 초사부로이다. 그러나 이와다와 구니에다가 일본 건축 조직과는 관계없이 한국을 건너온 데에 반해, 이와이는 대학 졸업 후 대장성에 들어가 임시 건축부 기사가 된 후 통감부에 파견되었고 탁지부 건축소 기사가 되었다. 와타나베도 이와이와 마찬가지였다.[3] 한국에 일본인 관리를 대거 파견하면서 일본 정부는, 그들이 관직을 유지한 채 한국 정부 조직에 소속될 수 있도록 하는 제도(1904년 칙령 제195호)를 마련했다. 이와이와 와타나베는 이 제도를 통해 통감부에 파견되었고 탁지부 건축소에 들어갔다.

1910년 8월 29일, 일본 정부는 칙령으로 조선총독부의 설치를 공표했다. 거기에 통감부와 한국 정부의 조직을 조선총독부가 이어받는다는 내용이 포함되어 있었다. 조선통독부가, 통감부가 가지고 있던 지배기구로서의 역할과 보호국이 된 한국 정부의 행정기구 역할을 겸비하도록 한 조치였다. 건축 조직에 한정해서 보면, 통감부에는 건축 조직이 없었으니 조선총독부의 건축 조직은 한국 정부의 건축 조직인 탁지부 건축소를 이어받았다.

이렇게 조선총독부의 영선과가 탄생했다. 그 중심엔 탁지부 건축소의 중추였던 이와다가 취임할 것이 당연했으나 그가 조선총독부 설립 직전 세상을 떴기 때문에 이와이 초사부로가 취임했다. 이와이와 동급생인 구니에다는 조선총독부

---

3. [원주] 山口廣, 『日本の建築 明治·大正·昭和 6 都市の精華』, 三省堂, 1979.

청사 건설을 맡아 공사주임으로서 경복궁(조선총독부 공사현장)에 설치된 영선과 공영소의 책임자가 되었다. 구니에다는 1918년까지, 이와이는 1929년까지 조선총독부에 재직했고 건축 조직의 중추를 맡았다. 영선과가 1921년에 건축과로 바뀌었을 때 이와이는 영선과장이 되었다.

조선총독부 영선과와
대만총독부 영선과의 차이점

조선총독부 설립과 함께 건축 조직의 중추를 맡은 이와이와 구니에다는 대만총독부의 중심 건축가들과 비교할 때 경험이 적었다. 1905년에 도쿄제국대학을 졸업했으니 조선총독부 설립 당시엔 졸업 후 5년밖에 지나지 않을 때였다.

대만총독부 영선과장이었던 다지마 세이조나 노무라 이치로는 각각 1892년, 1895년에 제국대학을 졸업했고, 두 사람이 영선과장에 오른 것은 대학을 졸업한 지 10년 후였다. 이 둘보다 먼저 대만총독부에 들어간 오하라 마쓰토모나 다지마, 노무라와도 함께 일했던 오노기는 대학을 나와 다른 건축 조직에서 활동을 하다가 대만총독부로 왔다. 건축사가 호리 다케요시의 연구에 따르면, 그들보다 앞서 대만총독부 임시 토목부 기사가 된 아키요시도 공부성, 문부성, 내무성, 궁내성에서 기사로 근무한 경험이 풍부한 사람이었다. 아무래도 대만총독부 건축 조직이 일본 건축 조직으로서는 최초로 해외 지배 지역에 거점을 둔 것이었기에 경험이 많은 사람이 요구되었을 것이다.

　조선총독부 영선과의 이와이와 구니에다도 대학 졸업 후 조선총독부 기사가 될 때까지 5년 동안 탁지부 건축소에서 활동한 점이 조선총독부 설립과 함께 건축 조직의 중추가 되기에 용이한 조건이었다고 말할 수 있다. 결과적으로 탁지부 건축소 경험은 그들에게 조선총독부 영선과 활동의 발돋움이 되는 기간이었다.

3
관동도독부의 건축 조직

군정서를 각지에 개설

러일전쟁 결과 요동반도 남쪽 끝의 조차권을 획득한 일본은 1906년 9월, 뤼순에 관동도독부를 설립했다. 대만총독부가 전신이 없었던 것과 달리, 관동도독부는 러일전쟁 중 개설된 청니와⁴ 군정서를 토대로 그 후 설치된 관동주민정서나 관동총독부가 전신이었다.

러일전쟁 중 청나라 영내에 침공한 일본군은 점령지에 군정서를 개설했다. 전쟁 발발 3개월 후인 1904년 5월 7일 최초의 군정서인 안동현군정서가 들어섰고, 점령지가 확대되면서 각지에 군정서가 설치되었다. 지상전이 벌어지던 청나라 영토에서 일본이 전쟁을 유리하게 끌고 가기 위해서는 청나라 행정기관이나 주민들이 일본군에 대해 가지게 마련인 적대감을 완화할 필요가 있었고, 군정서는 그 임무를 최우선으로 맡았다. 실제 행정은 청나라 행정기관에게 맡겼다.

한편 일본군은 요동반도에서 러시아의 거점을 공략했다. 1898년 요동반도 남단 조차권을 획득한 러시아는 청나라 해군 북양수사(北洋水師)의 거점이었던 뤼순에 태평양함대를 배치하고 새롭게 청니와라고 불린 지역에 대규모 상업

---

4. 명청(明淸) 시기 다롄 지역의 이름.

항구가 딸린 신도시 다리니를 건설하고 있었다. 일본군은 전쟁 시작 4개월이 채 안 된 5월 30일 다리니(후일 다롄)를 완전히 점령했다. 다음 날, 다리니에 청니와군정서를 개설하고, 다리니항의 수중 부설 기뢰를 제거해 이미 완성돼 있던 다리니항의 부두 2기를 이용해 군수물자를 육지로 내리기 시작했다. 러시아의 조차지였던 다니리에는 청나라 행정기관이 부재했고 일본군 점령으로 러시아 행정은 붕괴했다. 청니와군정서는 다른 군정서와 달리 다리니의 행정기관 역할을 맡았다. 1936년에 간행된 『다롄시사』에 따르면, 청니와군정서가 처음 한 일은 러시아군과 러시아인이 떠나고 빈집이 된 다리니 시내 건물을 관리하고, 전시의 혼란을 틈탄 약탈과 불법 점거를 막기 위해 빈집을 봉쇄하는 것이었다.

다롄군정서

1905년 1월에 뤼순을 함락시키고 요동반도 거의 전 지역을 점령한 일본군은 1905년 2월 11일 다리니를 다롄으로 이름을 바꾸었고 청니와군정서는 다롄군정서가 되었다. 개명과 함께 군정서의 규모를 확대해 서무, 재무, 토목, 경무 등 네 개 부서를 설치했다. 다롄군정서는 토목 부문에 구라쓰카 요시오(1904년 도쿄제국대학 토목공학과 졸업)와 마에다 마쓰오토(1904년 도쿄제국대학 건축학과 졸업) 두 사람을 촉탁으로 고용해 두 가지 일을 맡겼다.

하나는 다롄군정서가 관리하고 있던 토지를 민간에게 빌

려주기 위한 토지 측량과 지역 분할이었다. 또 하나는 건축 감독으로, 다롄군정서가 건립하는 건물을 감독하고 다롄 시내에 민간이 짓는 건물을 지도·관리하는 것이었다. 전자와 관련해 마에다는 나중에 쓴 「만주행잡기」[5]에서 "이 당시 자잘한 각종 목조 건축이 많아 바빴다"라고 회고하듯 소규모 목조 건축물의 설계 감리를 담당했다. 후자와 관련해서는 구라쓰카와 함께 「다롄 가옥 건축 단속 임시 규칙」 초안을 만들었다. 이 규칙은 1905년 4월에 시행되었다.

두 사람은 모두 1904년 7월에 도쿄제국대학을 졸업하고 일본군의 병참 조직이었던 만주군 창고에 고용돼 청나라 영내의 일본군 점령지에 머물며 전쟁터를 전전하고 있었다. 마에다는 1904년 9월에 다리니에 도착한 후 다음 해 2월에 다롄군정서의 촉탁이 되기까지 반년 동안 잉커우, 랴오양, 다시 잉커우로 이동하면서 만주군의 물자를 보관하는 건물을 건설하는 데 관여했다. 랴오양에서 북쪽으로 30킬로미터 떨어진 사허에서 러일 양군을 합쳐 총 31만 병사가 대치하던 시기, 대규모 창고를 건설하고 잉커우에 머무르던 1905년 1월 12일에는 러시아군의 습격을 받아 죽을 뻔하기도 했다. 1904년 11월에 발행된 『건축잡지』 21호는 마에다가 은사 쓰카모토 야스시에게 보낸 편지를 소개하고 "잉커우에서 랴오양 방면으로 옮기려는바 종전의 만주군 창고 분점의 경영에 종사하고 있다"고 전했다.

5. [원주] 『滿洲建築雜誌』 23卷 1号.

관동주 민정서 서무부 토목계

1905년 5월 6일자 칙령으로 점령지 관동주에 민정서가 설치되었고, 6월 23일에는 다롄, 진저우, 뤼순의 군정서를 이어받는 형태로 군정서가 개설되었다. 민정서 서무부 토목계가 토목과 토지 측량 및 제도 조정, 영선에 관한 사항을 다루었다. 다롄군정서 소속 마에다와 요동수비군 소속 육군기사 이케다 겐타로(1896년 제국대학 조가학과 졸업) 두 사람이 관동주 민정서의 기사로 옮겨 서무부에 소속되었다. 관동주 민정서 서무부 토목계는 중국 동북 지방에서 일본인이 주체가 된 최초의 건축 조직이다.

관동주 민정서에 채용된 기사 다섯 명 가운데 가장 먼저 야마지 가이타로(1898년 도쿄제국대학 토목공학과 졸업)가 대만총독부 토목기사를 겸임했다. 이것은 대만총독부 참사장관에서 관동주 민정서 민정장관으로 취임한 이시즈카 에이조와 대만총독부 참사관에서 관동주 민정서 서무부장으로 취임한 세키야 데이자부로가 새로 설립된 관동주 민정서로 대만총독부 직원을 파견한 결과였다.[6]

관동도독부의 개설

이후 일본 정부는 점령지에서 일본군의 철병을 완료했고 지배기구를 전시체제에서 평시체제로 이행하기 시작했으며

6. 関東国文書課編, 『関東国施政三十年業績調査資料』, 1937.

1906년 9월 1일 뤼순에 관동도독부를 개설했다. 관동도독부에는 군사를 담당하는 육군부와 행정을 담당하는 민정부가 설치되었다. 설립 당초 민정부에는 서무, 경무, 재무, 토목 등 네 개 과가 설치되었다. 토목과에 채용된 기사는 관동주 민정서 기사였던 야마지, 마에다, 구라쓰카 등 세 사람이었다.

이들이 유임하는 형태로 관동도독부 기사가 된 것은 관동도독부 민정부가 실질적으로 관동주 민정서를 이어받은 부서였기 때문이다. 이 같은 인선은 지배 지역 내 활동 경험을 중시한 것이었다. 단지 기사뿐 아니라, 관동주 민정서 민정장관이던 이시즈카가 관동도독부 민정장관에 오르고 관동주 민정서 서무부장이었던 세키야가 관동부 민정부의 하부조직인 다롄민정서장에 취임한 사실도 이와 궤를 같이한다. 그리고 다롄민정서에서 마에다와 구라쓰카를 채용하고, 관동주 민정서에서 그 둘과 야마지를, 그리고 관동도독부에서 이 세 기사를 채용한 것은 점령지 또는 지배 지역에서의 활동 경험을 중시한 결과였다.

관동도독부가 설립된 지 1년이 지난 1907년 9월, 마에다는 도쿄고등공업학교 건축학과의 교수로 취임하여 일본으로 돌아간다. 마에다의 후임 마쓰무로 시게미쓰는 1908년 3월 18일에 관동도독부로 왔다. 그는 1897년 제국대학 건축학과를 졸업하고 교토부 기사, 규슈 철도기사로 근무하고 있었다. 마쓰무로가 관동도독부로 부임하면서 조직이 크게 변화했다. 첫째, 1910년 3월 31일 관동도독관방에 새로운 건축 조직 영선과가 생기고 건축 부문과 토목 부문이 분리되었다. 둘째, 그

표 2. 관동도독부의 건축 조직 변천

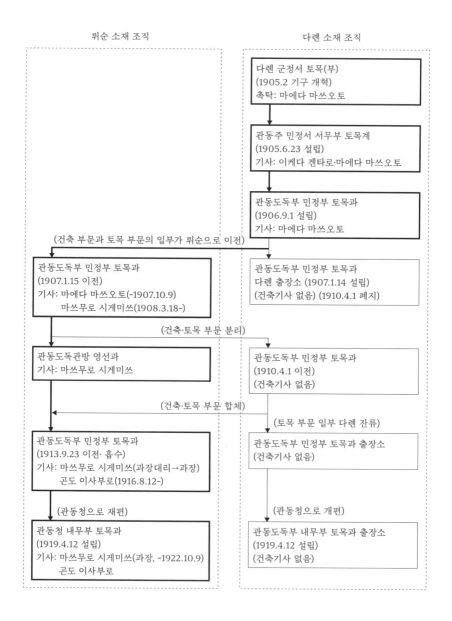

뤼순 소재 조직   다롄 소재 조직

다롄 군정서 토목(부)
(1905.2 기구 개혁)
촉탁: 마에다 마쓰오토

관동주 민정서 서무부 토목계
(1905.6.23 설립)
기사: 이케다 겐타로·마에다 마쓰오토

관동도독부 민정부 토목과
(1906.9.1 설립)
기사: 마에다 마쓰오토

(건축 부문과 토목 부문의 일부가 뤼순으로 이전)

관동도독부 민정부 토목과
(1907.1.15 이전)
기사: 마에다 마쓰오토(-1907.10.9)
　　　마쓰무로 시게미쓰(1908.3.18-)

관동도독부 민정부 토목과
다롄 출장소 (1907.1.14 설립)
(건축기사 없음) (1910.4.1 폐지)

(건축·토목 부문 분리)

관동도독관방 영선과
기사: 마쓰무로 시게미쓰

관동도독부 민정부 토목과
(1910.4.1 이전)
(건축기사 없음)

(건축·토목 부문 합체)

(토목 부문 일부 다롄 잔류)

관동도독부 민정부 토목과
(1913.9.23 이전· 흡수)
기사: 마쓰무로 시게미쓰(과장대리→과장)
　　　곤도 이사부로(1916.8.12-)

관동도독부 민정부 토목과 출장소
(건축기사 없음)

(관동청으로 재편)

(관동청으로 개편)

관동청 내무부 토목과
(1919.4.12 설립)
기사: 마쓰무로 시게미쓰(과장, -1922.10.9)
　　　곤도 이사부로

관동도독부 내무부 토목과 출장소
(1919.4.12 설립)
(건축기사 없음)

(출처)　『関東都督府施政誌』, 『官報』를 참조해 작성.
(주)　굵은 선 상자가 건축 조직, 굵은 화살표가 건축 조직의 변천을 보여준다.

결과 지금까지 뤼순에 있던 민정부 토목과가 다롄으로 이전했다.

이 개편은 후에 편찬된 『관동국 시정 30년 업적 조사 자료』에 의하면 마쓰무로가 건축 사업은 토목 사업과 별개의 계통에서 이루어져야 한다고 주장한 결과이다. 다만, 당시 토목과장대리였던 야마지가 마쓰무로보다 대학 1년 후배였다. 영선과를 민정부에 두지 않고 관동도독관방에 둔 점을 이 문제와 아울러 생각하면, 마쓰무로와 야마지가 선후배 관계임을 고려한 고육책이었다고 볼 수도 있다.

이를 증명하듯 1913년 7월 12일 야마지가 관동도독부 기사를 그만두고 2개월이 지난 8월 23일에 영선과가 폐지되고 직원들은 토목과에 인계되었다. 그 이틀 후 마쓰무로가 토목과장대리로 승진했다. 영선과 신설의 목적이 표면적으론 건축조직의 분리·독립이었으나, 실질적으로는 기사들의 조직 내서열, 역할 문제를 해결할 방편이었다고 해석할 여지가 있는 대목이다.

다롄시 건축 규칙으로

영선과는 이후 부활되지 않고 관동도독부의 건축 조직은 설립 당초와 마찬가지로 토목과였다. 단 관동도독부는 1919년 4월 12일에 민정부는 관동청으로, 육군부는 관동군으로 분리 개편되었다. 마쓰무로는 이 사이 7월 31일에 관동도독부 토목과장에 취임했고 1922년 10월 9일까지 관동청 토목과장으로 근무했다. 한편, 1916년 8월 12일 곤도 이사부로가 기사가 되어 토목과 건축기사가 처음으로 두 사람이 되었다.

점령지 또는 지배 지역에서 활동한 경험이 있던 마에다나 야마지가 관동도독부를 떠나고 그 자리를 메운 마쓰무로나 곤도가 해당 지역 활동이 전무했다는 점에서, 관동도독부 토목과의 건축 활동은 결국 마에다에게 의지했음을 알 수 있다. 특히 마에다 등이 기초한 '다롄시 가옥 건축 단속 임시 규칙'은 1919년에 실시된 '다롄시 건축 규칙'으로 이어져, 마에다가 설계한 다롄소방서나 다롄민정서 등 초기 청사 건축이 이후의 청사 및 학교 신축을 자극했다고 볼 수 있을 것이다.

4
만철의 건축 조직:
만철 건축을 뒷받침한 인력

만철의 설립

러일전쟁 결과 일본이 얻은 창춘-뤼순·다롄, 펑톈-안동 철도에 관한 이권에 대해 일본 정부는 반관반민(半官半民) 회사인 만철을 설립해 대응했다. 일본은 1907년 7월 13일 만철설립 위원을 80명을 임명하고, 8월 1일에는 설립위원들에게 명령서를 수여하고 회사 정관의 틀을 잡았다. 정관은 만철이 철도 경영뿐 아니라, 철도에 부속한 많은 사업, 또는 철도 근처 지역에서 전개할 수 있는 많은 사업을 수행하는 회사라고 규정했다.

사업 내용은 철도를 따라 설정된 철도 부속지의 행정, 철도 근처의 탄광·광산 개발, 호텔이나 창고 경영, 건축 및 토지 임대, 다롄항 경영, 수운업 등이었다. 이 명령서에 따라 철도의 정관이 정해졌고 1906년 11월 26일에 설립 총회가 열렸으며 다음 날에는 도쿄에 본사를 둔 만철이 정식으로 발족되었다. 대만총독부 민정장관이었던 고토 신페이가 총재로 취임했다. 1907년 4월에는 본사를 다롄으로 옮기고 실질적인 경영을 시작했다. 이같이 만철은 겉으로 철도회사의 체제를 취했으나 실제로는 중국 동북 지방 지배의 교두보가 된 철도 부속지를 관할하는 기구였다. 그리고 다양한 사업 추진의 기반인

시설을 설계하고 감리할 조직이 필요했으나 당시 중국 동북 지방에서는 건축 활동을 맡을 조직이 거의 없었기 때문에 만철은 건축 조직을 신설했다.

본사 소재지를 도쿄로 정하고 설립된 시점에는 다롄지사의 총무부 서무과 용도계(用度系)가 '토지, 건물, 영선, 물품 회계 등'을 담당했다. 이것이 제도상으로는 만철 최초의 건축 조직이다. 다롄지사에는 총무부 외에 광업부와 철도부도 있었는데, 건축 조직이 철도부에 속하지 않았던 것은 만철이 다양한 사업을 추진하는 회사라는 점을 고스란히 보여준다. 이로써 만철 건축 조직은 단지 철도 관련 시설을 설계·감리하는 조직이 아니라, 회사 사업 전체에 대한 일을 하는 곳으로 자리매김했다. 이것이 만철 건축 조직의 성격을 규정지었다.

본사 건축과: 만철 건축 조직의 중심

1907년 4월 1일, 만철은 본사를 다롄으로 이전하고 같은 달 23일 '본사 분과 규정'을 정해 본격적으로 업무를 시작했다.

총무부 토목과 건축계(이하 본사 건축계)가 실제적인 여건을 갖춘 만철 최초의 건축 조직이었다. 이 부서는 만철이 건설하는 모든 건축물의 설계·감리를 맡는 만철 전체의 건축 조직이자 이후 건축 조직들의 모체였다.

만철 내 직제 변천과 함께 조직 명칭도 변했으나, 다롄 본사에 설치된 건축 조직이 총무부 외에 만철 전체 건축 공사를 파악하는 기술부나 공사부, 혹은 철도 부속지 행정을 담당하는 지방부에 소속한 적은 있어도 철도만 관할하는 부서에 속한 적은 한 번도 없었다. 본사 건축계는 1914년 5월 15일의 직제 개정으로 총무부 기술국 건축과(이하 본사 건축과)로 승격되었다. 1931년 8월 1일 지방부 공사과(이하 본사 공사과)로 소속과 이름이 바뀌었고, 철도 부속지가 철폐되며 지방부도 폐지되면서 1937년 11월 30일에 본사 공사과도 없어졌다. 이 사이 독립적인 조직에 가까운 푸순탄광이나 철도 부문에도 건축 기술자가 배속되거나 창업 당시 푸순탄광에 영선과가 설치되고 1920년대에는 다롄건축사무소 등이 생기기도 했다. 그러나 본사 건축과/공사과는 늘 만철 전체의 건축 조직으로서 역할을 했고 그 책임자는 건축 조직에 한해서는 이른바 총수라고 부를 만한 지위에 있었다. 단, 1937년 만철 부속지가 철폐되자 사내에서 철도 부문 비중이 강해졌고 본사 공사과를 이어받은 다롄공사사무소는 철도 부문이 관할했다.

많은 변화를 겪은 만철 건축 조직의 중심이었던 본사 건축계 건축과 소속 건축가·건축기술자는 309명으로 추정된다. 그 가운데 건축과장이나 공사과장을 지낸 14명은 대체로 이력이 밝혀져 있다. 이들 정보에서 다음의 네 가지를 지적할 수 있다.

첫째, 조직 창설 초창기에는 경험이 풍부한 건축가·건축기술자 들이 모여 있었다. 둘째, 1920-23년을 경계로 이들 중 상당수가 교체되었다. 셋째, 만철 소속 건축가·건축기술자는 만철 설립부터 만주국 성립에 이르는 25년여 동안 중국 동북 지방 내 일본인 건축가 조직의 중심이었다. 넷째, 당시 일본

표 3. 만철의 건축 조직 변천과 그 책임자

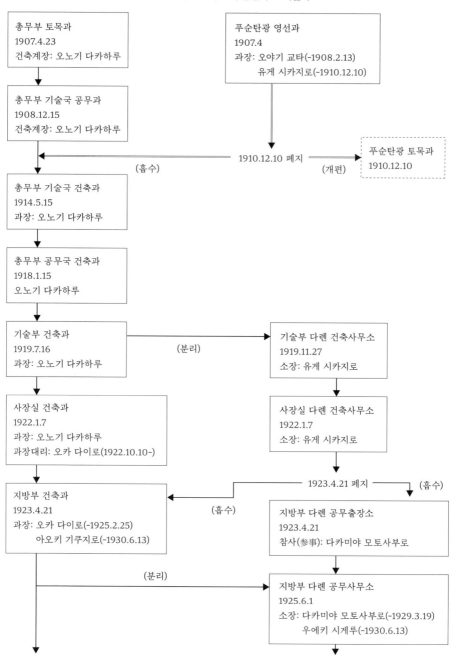

총무부 토목과
1907.4.23
건축계장: 오노기 다카하루

푸순탄광 영선과
1907.4
과장: 오야기 교타(-1908.2.13)
　　　유게 시카지로(-1910.12.10)

총무부 기술국 공무과
1908.12.15
건축계장: 오노기 다카하루

1910.12.10 폐지

(흡수)　　　　　(개편)

푸순탄광 토목과
1910.12.10

총무부 기술국 건축과
1914.5.15
과장: 오노기 다카하루

총무부 공무국 건축과
1918.1.15
오노기 다카하루

기술부 건축과
1919.7.16
과장: 오노기 다카하루

(분리)

기술부 다롄 건축사무소
1919.11.27
소장: 유게 시카지로

사장실 건축과
1922.1.7
과장: 오노기 다카하루
과장대리: 오카 다이로(1922.10.10-)

사장실 다롄 건축사무소
1922.1.7
소장: 유게 시카지로

1923.4.21 폐지　　　(흡수)

지방부 건축과
1923.4.21
과장: 오카 다이로(-1925.2.25)
　　　아오키 기쿠지로(-1930.6.13)

(흡수)

지방부 다롄 공무출장소
1923.4.21
참사(参事): 다카미야 모토사부로

(분리)

지방부 다롄 공무사무소
1925.6.1
소장: 다카미야 모토사부로(-1929.3.19)
　　　우에키 시게루(-1930.6.13)

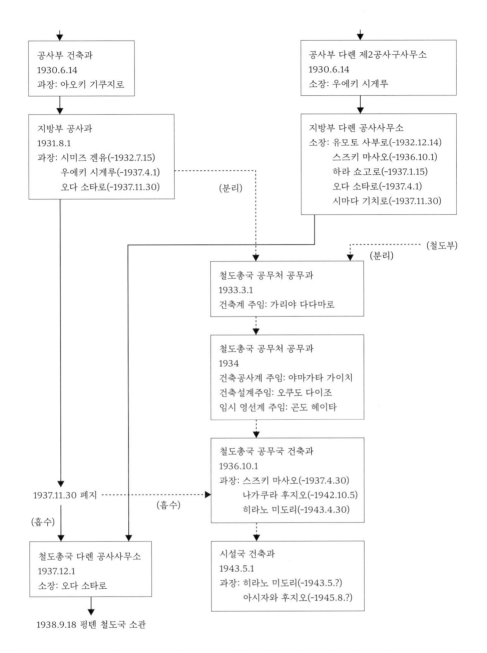

공사부 건축과
1930.6.14
과장: 아오키 기쿠지로

공사부 다롄 제2공사구사무소
1930.6.14
소장: 우에키 시게루

지방부 공사과
1931.8.1
과장: 시미즈 겐유(-1932.7.15)
　　　우에키 시게루(-1937.4.1)
　　　오다 소타로(-1937.11.30)

지방부 다롄 공사사무소
소장: 유모토 사부로(-1932.12.14)
　　　스즈키 마사오(-1936.10.1)
　　　하라 쇼고로(-1937.1.15)
　　　오다 소타로(-1937.4.1)
　　　시마다 기치로(-1937.11.30)

(분리)

(철도부)

(분리)

철도총국 공무처 공무과
1933.3.1
건축계 주임: 가리야 다다마로

철도총국 공무처 공무과
1934
건축공사계 주임: 야마가타 가이치
건축설계주임: 오쿠도 다이조
임시 영선계 주임: 곤도 헤이타

철도총국 공무국 건축과
1936.10.1
과장: 스즈키 마사오(-1937.4.30)
　　　나가쿠라 후지오(-1942.10.5)
　　　히라노 미도리(-1943.4.30)

1937.11.30 폐지

(흡수)

(흡수)

철도총국 다롄 공사사무소
1937.12.1
소장: 오다 소타로

시설국 건축과
1943.5.1
과장: 히라노 미도리(-1943.5.?)
　　　아시자와 후지오(-1945.8.?)

1938.9.18 펑톈 철도국 소관

(출처)『南滿洲鐵道株式會社10年史』,『南滿洲鐵道株式會社30年史』,『南滿洲鐵道株式會社40年史』,『南滿洲鐵道株式會社 課級以上組織機構竝に人事異動一覽表』및 히라노 미도리, 오하타 쇼지의 증언을 토대로 작성했다.

(주) 건축 조직명 아래 숫자는 만철사사(滿鐵社史)에 기재된 정보를 토대로 쓴 조직의 설립 연월일이다. 괄호 안의 숫자는 각자의 재직 종료일이다. 일자가 없는 사람은 해당 조직이 존속할 때까지 근무한 것이다.

이 지배하던 지역들을 전전한 많은 건축가·건축기술자가 있었다.

본사를 다롄으로 이전하고 업무를 시작했을 때 만철의 사업은 철도를 포함해 철도 부속지 행정, 다롄항 건설, 푸순탄광 경영 등으로 다양했고, 이에 따라 건축 조직의 업무도 동시다발적으로 진행되어야 했으므로 건축 경험이 풍부한 인재가 필요했을 것이다.

만철 초창기 건축 조직의 총수로서 1907년부터 15년간 본사 건축계장, 본사 건축과장을 지낸 오노기는 해군기사, 대만총독부기사, 육군기사를 역임하고 대만총독부 기사직을 겸하면서 만철에 입사한 인물이었다. 오노기 밑에서 실제적인 건축 활동을 통괄한 오다 다케시(1901년 도쿄제국대학 건축학과 졸업)는 대장(大藏) 겸 사법(司法) 기사직을 겸하고 있었다.

푸순탄광의 도시 건설을 맡은 푸순탄광 영선과장에는 유게 시카지로(1890년 공수학교 건축과 졸업)가 취임했다. 그는 일본은행 본점의 신축 공사를 위해 설치된 일본은행건축소에서 기수를 지냈고 그 후 미에켄 기사, 문부성 촉탁 기사, 스미토모 임시 건축부 기수 등을 지냈다. 오다 다케시의 부하 직원 중에도 스미토모 임시 건축부에 있던 요코이 겐스케(1906년 도쿄제국대학 건축학과 졸업)가 있었다. 오다가 1910년 병환으로 요양 차 귀국하자 그 대신에 야스이 다케오(1910년 도쿄제국대학 건축학과 졸업)가 만철에 입사했다. 또 오노기는 대만총독부 시절 부하 직원이었던 아라키 에이이치

표 4. 만철 건축 조직의 주요 인물 약력

이름 생몰연도/졸업학교/졸업연도	약력
오노기 다카하루 1874-1932/도쿄제국대학/1899	1899.8 해군기사(구레 진수부 근무) / 1902.1 문부성 촉탁 / 1902.10 대만 총독부 촉탁 / 1903.5 대만총독부 기사 / 1907 육군기사 면직 / 1907.4 대 만총독부 기사 유지한 채 만철 입사(본사 건축계장) / 1913.12 대만총독부 기사 면직 / 1914.5 만철 본사 건축과장 / 1922.2 다롄시의회 의원 / 1923.4 만철 퇴사 / 1923.11 오노기요코이이치다 공동건축사무소(다롄) 개설 / 1930.12 공동건축사무소 해산 / 1932.12 다롄에서 사망
유게 시카지로 1870-1958/공수학교/1890	1888.6 일본토목 입사 / 1890.9 일본은행 건축소 건축 기사 / 1896.1 오사카토 목 입사 / 1896.10 중국철도 입사 / 1898.12 스미토모 본점 입사(영선계 근 무) / 1901.6 일본은행 본점 촉탁 / 1902.6 모지(門司) 구락부 공사 감독 / 1903.12 미에현 촉탁 / 1904 문부성 촉탁 / 1908.2 만철 입사(푸순탄광 영 선과장) / 1919.11 만철 다롄 건축사무소장 / 1923.4 만철 퇴사, 귀국
오다 다케시 1876-1911/도쿄제국대학/1901	1901.7 사법기사 / 1905.3 임시 연초 제조 준비국 기사 겸 사법기사 / 1905.9 대장기사 겸 사법기사 / 1907.1 대장기사 겸 사법기사직 유지한 채 만철 입사 / 1910.8 요양 차 귀국 / 1911.7 도쿄에서 사망
요코이 겐스케 1880-1942/도쿄제국대학/1905	1905 스미토모 본사 입사(임시 건축부 근무) / 1907.3 만철 입사(다롄 공 사계장) / 1920.6 만철 퇴사, 요코이건축사무소(다롄) 개소 / 1923.11 오노 기요코이이치다 공동건축사무소 개소 / 1930.12 공동건축사무소 해산 / 1931.1 요코이건축사무소 재개 / 1942.1 다롄에서 사망
이치다 기쿠지로 1880-1963/도쿄제국대학/1906	1906.7 치온인 아미타당 신축 현장(교토) / 1907.3 만철 입사 / 1920.3 만 철 퇴사, 다롄건축사회장 / 1923.11 오노기요코이이치다 공동건축사무소 개 소 / 1925.2 만철 재입사(본사 건축과장) / 1931.8 만철 퇴사 / 1933.1.1 만 주국 총무청 촉탁 / 1942.5 홍콩총독부(관저) 개수 증축을 위해 홍콩 부임 / 1946 귀국
야스이 다케오 1884-1955/도쿄제국대학/1910	1910.10.8 만철 입사 / 1919 만철 퇴사, 귀국, 가타오카 건축사무소 입사(오 사카) / 1924.4 오사카에서 야스이 건축사무소 개소 / 1934 만철 도쿄지사 신축 설계 / 1936.5 만철 도쿄지사 준공
오카 다이로 1889-1962/도쿄제국대학/1912	1912.8 만철 입사 / 1923.4 만철 본사 건축과장 / 1925.2 남만주공업전문학 교 교수 / 1935.4 남만주공업전문학교 교장 / 1942.10 만주국 건축국장 / 1953 귀국
다카미야 모토사부로 1885-?/도쿄제국대학/1913	1913.8 시미즈구미(志水組)(나고야) 입사 / 1916.5 아오시마 수비군 군정 서 / 1917.10 동 군민정부 / 1919 동 군민정부 철도기수 / 1920.1 동 군민정 부 기사 겸 철도기사 / 1920.5 동 군민정부 철도기사 / 1920.12 동 군민정부 기사 / 1923.1 퇴직 / 1923.3 만철 입사 / 1925.6 만철 다롄 공무사무소장 / 1929 만철 퇴사, 귀국 / 1939 다롄기선(汽船) 입사 / 1940 만철차량(다롄) 입사

이름 생몰연도/졸업학교/졸업연도	약력
우에키 시게루 1888-1970/도쿄제국대학/1914	1915 아오시마 수비군 경리부 / 1918 만철 입사 / 1920 만철 경성 관리국 / 1925.4 조선총독부 철도기사 / 1925.5 만철 재입사 / 1929.3 만철 다롄 공무사무소장 / 1932.4 만철 본사 공사과장 / 1937.4 만철 퇴사, 일시 귀국 / 1937.12 동아토목기업(펑톈) 고문
가리야 다다마로 1888-?/와세다대학/1914	1914 만철 입사 / 1919 만철 퇴사, 가리야 건축사무소(다롄) 개설 / 1926 만철 재입사 / 1933.3 만철 철로총국 건축계 주임 / 1939 만주부동산(다롄) 입사
오다 소타로 1885-1959/공수학교/1905 콜롬비아대학 석사/1921	1905 경시청 기수 / 1907.3 만철 입사 / 1910.8 만철 퇴사 / 1910.9 콜롬비아대학 예과 입학 / 1915.9 동 대학 건축과 입학 / 1917.6 동 대학 졸업 / 1921.9 동 대학 대학원 수료, 성적 우수로 1년간 서구 유학 / 1924.1 오노기 요코이이치다 공동건축사무소 입사 / 1929.2 만철 재입사 / 1937.1 만철 다롄 공사사무소장 / 1937.4 만철 본사 공사과장 / 1937.12 만철 다롄 공사사무소장 / 1938.9 만철 북지 사무국 건축과장 / 1939.4 화북교통 공무국 건축과장 / 1941.4 화북교통 퇴사, 우에키구미(上木組)(펑톈) 입사(건축부장) / 1945.1 우에키구미 퇴사 / 1948 귀국
아이가 겐스케 1889-1945/도쿄고등공업학교 선과 /1913	1907.4 만철 입사 / 1911.4 도쿄고등공업학교 건축과 선과 입학 / 1913.3 동 학교 수료 / 1913.4 만철 복귀 / 1920.3 만철 퇴사 / 1920.6 요코이 건축사무소(다롄) 입사 / 1925 만철 재입사 / 1932.8 만철 퇴사 / 1932.9 만주국 국도건설국 건축과장 / 1933.3 민주국 총무청 수요처 영신과징 / 1935.11 만주국 영선수국 영선처 설계과장 겸 공사과장 / 1938.7 만주국 사퇴, 만철 재입사(펑톈 공사사무소장) / 1941 만철 퇴사, 동아토목 입사, 제일주택회사 대표 / 1942.4 홍콩총독부 촉탁 / 1943 푸카오구미(福高組)(다롄) 입사(건축부장) / 1945.1 귀국, 벳푸에서 사망
스즈키 마사오 1889-1972/도쿄고등공업학교 /1911	1911.4 만철 입사 / 1932.12 만철 다롄공사 사무소장 / 1936.10 만철 철도총국 건축과장 / 1937.5 만철 퇴사, 하얼빈고등공업학교장 / 1938.1 하얼빈공업대학장
히라노 미도리 1899-1924/교토대학/1924	1924.4 만철 입사 / 1932.12 만철 도쿄지사 임시 건축계장 / 1936.5 만철 다롄 공사사무소 건축계장 / 1938.10 만철 퇴사 / 1938.11 동변도개발(東邊道開發) 회사 입사(건축과장) / 1941.9 동변도개발 회사 퇴사, 만철 재입사 / 1942.10 만철 철도총국 건축과장 / 1946.9 귀국

(출처) 『建築雜誌』, 『滿洲建築(協会)雜誌』에 실린 기사, 『辰野記念日本銀行建築譜』, 『住友職員録』, 『近代建築技術の地域展開に関する研究』 및 관계자의 증언 등을 토대로 작성.

(주) 생몰연도를 알 수 없는 경우 물음표(?)로 표기했다. 단, 모두 작고했다. 스가하라 유이치와 호리 다케요시 등으로부터 정보를 얻었다.

를 만철에 입사시키고 오다는 경시청 기수 요시다 소타로를 스카우트했다. 푸순탄광에는 유게 시카지로가 미에켄 기사 시절 부하 직원이었던 모리모토 쓰네키치를 스카우트했다.

만철 입사를 독려하다

일본 정부는 만철 사원 확보를 위해 만철 설립에 맞춰 1906년 8월 3일 칙령 제209호를 통해 정부 관리가 직을 유지한 채 만철에 입사할 수 있게 했다. 이는 일본이 한국을 보호국으로 만들면서 일본인 관리를 한국 정부에 대량 채용시킬 때 만든 제도(1904년 칙령 제195호)를 준용한 것이다. 오노기와 오다가 직을 유지하고 만철에 입사한 것은 이 제도의 덕이며, 만철 직원 246명이 이렇게 입사했다.

초창기에 만철에 입사한 건축가·건축기술자 가운데 중심적인 역할을 한 인물은 1920-23년에 걸쳐 만철을 퇴사한다. 요코이와 이치다는 1920년에, 오노기와 유게는 1923년에 각각 만철을 떠났다. 오다의 후임이었던 야스이는 1919년에 이미 만철을 퇴사했다. 오노기의 후임으로 본사 건축과장에 취임한 이는 오카 다이로(1912년 도쿄제국대학 건축학과 졸업)였다.

또한 이 시기 만철의 건축 조직 규모는 중국 동북 지방에서 손에 꼽혔다. 중국 동북 지방의 다른 지배기관이었던 관동도독부의 경우 민정부 토목과 소속의 건축가·건축기술자의 숫자는 만철 본사 건축계보다 적다. 다른 지배 지역이나 일본 내 건축 조직과 비교해도 만철의 건축 조직 규모는 손색이 없었다.

그 대표는 오노기이다. 그는 1902년 10월에 대만총독부 촉탁이 되어 다음 해 5월에는 대만총독부 기사가 되었으며 만철 입사까지 4년 6개월은 대만에서 건축 활동을 했다. 이 대만에서의 경험이 만철 활동에 도움이 되었던 것은 말할 필요도 없다. 그 외 오노기가 대만총독부에서 발탁한 아라키를 비롯해 요시다 마쓰이치, 요시모토 초타로, 세키 에이타로, 히루타 후쿠타로, 이다 모사부로, 다카이와 시즈카 등 일곱 명이 만철 입사 전에 대만총독부나 동북 지방의 다른 기관에서 일한 바 있다.

이 가운데 요시다(1902년 사가공업학교 목공과 졸업)는 임시 대만조사국 측량과 소속의 측량원이었다. 요시모토와 세키는 러일전쟁 당시 일본 점령지에서 철도를 관리하고 운영하던 야전철도 제리부(提理部)[7]에 있던 건축기술자로 야전철도 제리부 관할 철도가 만철로 이관되자 만철에 입사했다. 같은 야전철도 제리부였던 히루타도 잠시 일본으로 귀국했다가 다시 다롄으로 돌아와 만철에 입사했다. 이다 모사부로(1904년 공수학교 건축과 졸업)는 잉커우군정서 소속으로 청의 지방 관청인 잉커우 도대(道臺)[8]로 간 이후 만철에 입사했

---

7. 군기 제조와 수리 등을 담당하는 부서.
8. 중국 명나라 때 설치되고 청나라 때 확립된 지방관제로, '도원'(道員)이라고도 한다.

132

표 5. 건축 조직에 소속된 건축기술자 수의 비교

연도		1909	1911	1914	1924	1930	1937
만철	본사 건축(공사)과(계)	28	29	37	41	27	27
	철도총국 건축과						30
대장성	임시건축부(과)	83	85	44		116	127
	영선국				78		
	임시의원 건축국				43		
대만총독부	영선과	38	42	56	29	42	42
조선총독부	영선(건축)과		38	44	65	42	42
관동도독부	토목과	7	17	8			
만주국	영선수품국 영선처						103

(출처) 각 조직의 사원록, 직원록 등을 참조해 작성했다.

(주) 해당 연도에 해당 조직이 없었던 경우 공란으로 두었다.

다. 다카이와 시즈카(1900년 고슈대학[9] 건축과 졸업)는 관동
도독부 민정부 토목과 기수를 거쳐 만철에 입사했다. 오노기
뿐만 아니라 만철 입사 전에 이미 지배 지역에서 활동하던 인
물이 많은 것은 만철 건축 조직이 회사 창립과 동시에 건축
활동을 전개하는 데 큰 원동력이 되었다.

한편, 고토 신페이는 대만총독부 민정장관에서 만철 총
재로, 나카무라 요시코토는 대만총독부 재무국장에서 부총재
로 인사이동한 것이다. 간부급이 대만총독부에서 발령받아 온

9. 1887년에 세워진 학교로, 토목, 기계, 전기 공업, 조가(건축), 조선, 채광, 야금,
화학 등 여덟 개 학과로 출발했다. 현 고가쿠인대학의 전신이다.

것은 만철이 지배기구로서 사업을 추진해가는 데 유효했을 것이다. 관동도독부의 경우, 전신이었던 관동주 민정서의 인사에서 대만총독부 출신들을 볼 수 있는데, 이를 포함해 생각할 때 러일전쟁 후 중국 동북 지방의 지배는 대만 지배 경험을 토대로 진행되었다고 말할 수 있을 것이다.

5
만주국 정부의 건축 조직

첫 건축 조직

1931년 9월 18일, 관동군은 만주사변을 일으켜 펑톈을 비롯한 주요 도시를 점령했고 중국 동북 지방을 무력 제압했다. 관동군이 주도하여 동북 지방의 유력한 중국인으로 구성한 동북행정위원회는 1932년 3월 1일, 만주국 성립을 선언했다.

3월 9일에 공포한 만주국조직법을 토대로 만주국 정부의 골격이 정해졌고 국무원이 만주국의 행정기구가 되었으며 동시에 공포된 국무원 관제에 기반해 국무원 총무청 수용처(需用處)가 만주국 정부의 영선과 비품 공급을 담당하게 되었다. 5월 16일에 결정된 총무청 분과 규정을 바탕으로 수용처에 건축물의 건설·수선을 담당하는 영선과가 설치되었다. 이러한 일련의 조직 정비의 토대가 된 국무원 관제는 만주국조직법과 함께 1932년 2월 관동군 사령부가 원안을 작성하고 동북행정위원회에서 승인한 것이었다.

1932년 6월 1일, 수용처 영선과의 인사가 발령되었다. 그러나 기정(技正)도 기사(技士)도 거의 없어서 건축 조직으로서는 불완전했다. 또 당시 고용원이었던 고노 미쓰오(1930년 와세다대학 건축학과 졸업)에 의하면 인사 발령 이전인 1932년 4월부터 기존 건물을 만주국 정부 청사나 직원 기숙사로 바꾸어 사용하기 위한 개수나 리턴 조사단[10] 방문을 앞두고 시설 보수가 시작되었는데, 수용처 영선과의 본래 업무인 건물의 신축 설계는 전혀 없었다.

두 번째 건축 조직

이 시기에 정부 청사와 직원 기숙사 신축을 설계한 사람은 만철 본사 공사과 소속으로 만주국 정부에 파견된 아이가 겐스케였다. 만철은 1932년 3월부터 8월까지 아이가 등 사원 161명을 만철 직원 신분을 유지시킨 채 만주국 정부로 파견했다. 아이가는 만주국 수도 신징에 1932년 5월 5일 도착했다. 나중에 이 경위를 기록한 「건국 전후의 추억」[11]에 의하면 그가 신징에 도착해 처음 방문한 곳은 만주국 정부의 기관이나 주요 인사의 거처가 아니라 관동군 사령부였다. 그는 관동군 참모로부터 수도 신징의 도시 건설을 총괄하는 국도건설국의 건축주임을 맡으라는 지시를 받았다.

아이가의 사례를 보면, 만철이 만주국 정부에 사원을 파견한 계기는 만주국 정부가 아니라 관동군 사령부의 요청에 따른 것일 공산이 크다. 관동군 사령부의 지시로 아이가가 배

---

10. 영국의 정치인 리턴(1876-1947)의 아버지는 식민지 인도의 총독이었다. 리턴은 1902년 영국 보수당 상원의원으로 정치를 시작, 인도 국무장관을 역임하기도 했다. 1931년 만주사변 진상 조사를 위해 국제연맹이 파견한 조사단의 의장을 맡았으며, 1932년 10월 1일 발행한 보고서를 통해 일본이 부당하게 만주를 침략했다고 명시하고 중국에 반환할 것을 주장했다. 이에 반발한 일본은 국제연맹을 탈퇴했다.
11. [원주] 『滿洲建築雜誌』 22卷 10号.

치된 국도건설국은 관동군 참모부 제2과가 만주사변을 수습하기 위해 1931년 12월 8일 작성한 「만몽 개발 방책」 중 "신흥 취락, 특히 대도시의 출현을 예상하고 통일적인 견지에서 도시 계획 실시를 준비한다"라는 내용에 응하여 설치된 기관이었다.

국도건설국은 1932년 9월 16일 공포된 관제를 기반으로 정식 설립되었다. 그리고 같은 해 11월 1일에 공포된 '국도건설국 분과 규정'에 토대하여 기술처 건축과가 만주국 정부의 건물에 대한 설계·시공·감리와 민간 건축에 대한 건축 지도 및 건축 신청 심사를 담당하게 되었다. 정리하면 수용처 영선과와 국도건설국 기술처 건축과라는 두 조직이 만주국 정부의 건축 조직으로써 병존했던 것이다.

수용처 영선과로 일체화

수용처 영선과가 그랬듯, 국도건설국 기술처 건축과도 관제와 분과 규정의 공포나 인사 발령이 있기 전부터 실질적으로 활동을 하고 있었다. 아이가가 쓴 「건국 전후의 추억」에 따르면, 1932년 5월 5일 신징에 도착한 그는 다음 날부터 최초의 정부 청사나 직원 기숙사(독신 기숙사와 가족 주택) 설계에 착수했고 2개월이 지난 7월 11일에는 독신 기숙사 공사가 만주국 정부 최초로 시작되었다. 두 동으로 이루어진 정부 청사도 7월 21일과 7월 31일에, 가족 주택도 8월 2일에 각각 기공했다. 그러는 와중에 아이가는 국도건설국 기술처 건축과 직원을 확보하기 위해 분주히 움직였다. 당시 다롄에서 건축사무소를 열고 활동하던 야오이 마타사부로를 시작으로 오다 스케요시, 가와세 스미오, 후에키 히데오, 시라이시 기헤이, 호도야, 도히 도토무를 불러들였다. 후에키, 시라이시, 가와세는 야오이와 함께 중국 동북 지방에서 체재하거나 활동한 경력이 있

표 6. 1932년 7월 1일 기준 만주국 수용처 영선과 소속 직원 일람

이름	직책	분야 / 경력 등
나카지마 요시사다	과장·사무관	사무 / ?
하율복	속관(屬官)	사무 / ?
미야가키 후미토시	접섭고장(接涉股長)·속관	설비(난방) 기술자 / 1929년 뤼순공과대학 기계학과 졸업, 남만주가스회사 근무
이케다 스스무	고원(雇員)	전기기술자 / 1925년 도쿄전기학교 졸업, 만철 전기작업소 근무
고노 미쓰오	고원	건축기술자 / 1930년 와세다대학 건축학과 졸업 / 나이토 다추 건축사무소 근무
모리노 히데오	고원	건축기술자 / 동양공학원 건축과 졸업
만다 노리히노	고원	사무 / 다롄상업학교 졸업
야노 다모쓰	고원	건축기술자 / 1930년 일본대학 고등공학교 건축과 졸업, 요동 호텔 기사, 다롄 아천양행(阿川洋行) 기사
왕여림	고원	설비(난방) 기술자 / 1932년 뤼순공과대학 기계학과 졸업

(출처) 『(1932년판) 만주국 정부 직원록』(大同元年版 滿洲国政府職員録) 및 고노 미쓰오의 증언을 토대로 작성했다.

(주) 『(1932년판) 만주국 정부 직원록』에 기록된 수용처 영선과 직원 목록에 기반한 것이다. 모리노 히데오의 경력은 본인의 증언에 의한 것이다. 경력이 알려지지 않은 경우는 물음표(?)로 표기했다.

었다. 아이가는 이처럼 인물을 모아서 설립 당초의 어려움을 극복하고자 했다.

만주국 정부가 성립된 1932년에 건축 조직의 역할은 나뉘어 있었다. 이해 4월부터 먼저 활동을 시작한 수용처 영선과는 3월에 성립한 정부가 요구하는 청사나 직원 기숙사를 확

표 7. 1933년 2월 1일 기준 만주국 국도건설국 소속 건축기술자 일람

이름	직책 / 발령월일	경력
아이가 겐스케	과장·기정 / 1932.9.16	1913 도쿄고등공업학교 건축과 선과 수료 / 1908-11·13-20·25-32 만철 건축과
오다 스케요시	기정 / 1932.9.16	1924 와세다대학 건축학과 졸업
가와세 스미오	기정 / 1932.11.1	1920 도쿄고등공업학교 기계과 선과 수료 / 1920-32 다롄 승본(勝本)기계사무소 기사
후에키 히데오	기사 / 1923.10.1	1927 남만주공업전문학교 건축과 졸업
시라이시 기헤이	기사 / 1932.10.1	1912 후쿠오카공업학교 건축과 졸업 / 1917년 시미즈구미 하쿠다출장소 / 1918-19 만철 건축과 / 1929-31 요코하마시 건축과
야오이 마타사부로	기사 / 1932.9.16	1930 나고야고등공업학교 건축과 졸업 / 1930-32 다롄에서 시쓰이 건축사무소 주재
호도야	기사 / 1932.10.1	?
무라코시 이치타로	기사 / 1932.10.1	1924 와세다공수학교 건축과 졸업
도히 도토무	고원 / ?	1932 교토제국대학 건축학과 졸업
야마모토 다이치	고원 / ?	1931 남만주공업전문학교 건축과 졸업
야마바야시 다케지	고원 / ?	?

(출처)『(1933년판) 만주국 직원록』을 토대로 작성했다.
(주)『(1933년판) 만주국 직원록』에 실린 국도건설국 건축과 직원을 가리킨다. 정보 미상은 물음표(?)로 표기했다.

보하기 위해 기존 건물을 고쳐서 충당하는 임무를 맡았다. 예를 들어 행정의 중추가 되는 국무원은 구 창춘시 정부 청사를 참의부, 총무청, 법제국과 함께 사용했다.

국도건설국 기술처 건축과는 정부 청사나 직원 기숙사의 신축 설계·감리를 담당했다. 수용처 영선과가 기존 건물을 고쳐 급한 상황을 넘기는 동안, 국도건설국 기술처 건축과는 차례차례 청사 및 기숙사를 설계하고 신축 공사를 추진했다. 만주국 설립 초기에 수많은 건물의 개수에 관여한 수용처 영선과는 개수 공사가 일단락된 1932년 말에 그 역할이 끝났다. 1933년 3월, 만주국 정부는 조직 개편을 통해 국고가 지출되는 건물은 모두 수용처 영선과가 담당토록 했고, 국도건설국 기술처 건축과에는 수도 신징의 건축 행정을 맡겼다. 이로써 만주국 정부의 건축 조직은 수용처 영선과로 일원화된다. 동시에 아이가 등 국도건설국 기술처 건설과 소속 건축기술자들이 수용처 영선과로 이동했다.

이후 만주국 건축 조직은 1935년 11월 8일 영선수품국 (營繕需品局) 영선처로, 1940년 1월 1일 개편 후 건축국으로 변모했으며 건축국은 1945년 만주국이 소멸할 때까지 지속했다.

지배 지역에서 활동한
경력이 있는 건축가를 중심으로

1932년부터 1937년까지 국도건설국 건축과장, 수요처 영선과장, 영선수품국 영선처 설계과장을 지낸 아이가는 실질적인 책임자로서 만주국 건축 조직의 활동을 주도했다. 건축 조직이 생겼을 때 아이가가 모은 건축기술자들은 중국 동북 지방에서 활동한 경력이 있었다. 아이가도 마찬가지였다. 1907년 만철에 입사한 이래 1932년 만주국 정부 건축 조직의 주임이 되기까지 도쿄공업고등학교 선과생[12]이었던 2년을 제외하면 총 23년간 중국 동북 지방에서 활동했다.

이같이 만주국 정부의 건축 조직 설립 과정을 보면 지배 지역에서 일을 해본 적 있는 인물을 중심에 앉힌다는 방법을 취했고, 이는 만철이 건축 조직 총수에 오노기를 두고 인재 확보를 꾀한 것과 같았다. 설립과 동시에 업무를 시작해야 했던 조직에서 개개 인물의 경력은 중요한 의미를 띠었고 지배 지역 내 경력은 빠뜨릴 수 없는 것이었다. 만철이나 관동도독부보다 25년, 대만총독부보다는 35년이나 늦게 만들어진 만주국 정부의 건축 조직도 같은 방식으로 형성된 것은 지배 지역 내 건축 조직 설립 방법이 확립돼 있었음을 보여준다

그리고 1937년 구와바라 에이지(1923년 도쿄제국대학 건축학과 졸업)가 영선수품국 영선처장에 취임해 아이가의

---

12. 학과 단위에 지망해 입학한 학생을 '선과생'(選科生)이라고 했다. 일종의 편입생에 해당한다.

상사가 되어 실질적인 책임자가 되었다. 이 같은 인선은 건축 조직이 궤도에 오르면 현지 경력이 없는 인물이라도 그 후의 활동을 주도할 수 있음을 보여준다.

만주국 정부의 건축 조직의 특징

만주국 정부 건축 조직의 특징을 정리하면 다음과 같다.

첫째, 일본인이 주체가 된 건축 조직이었다. 만주국이 성립되어 붕괴할 때까지 13년여 동안 건축 조직에서 기정이나 그 이상의 직을 지낸 인물은 총 27명이었고 전원 일본인이었다. 또 기정으로 승진한 사람을 제외한 기좌 경력자 92명 중 84명이 일본인이었다. 만주국 정부는 만주국을 구성하는 주요 민족(일본, 한족, 만주족, 몽골, 조선 등 다섯 개 민족)이 평화적으로 협력하여 국가 건설을 추진한다는 '오족협화' 이념을 내걸었으나, 건축 조직에서 이는 명목뿐이었고 일본인이 주체가 되었다.

둘째, 설립 당시 여러 경력을 가진 건축가·기술자가 모였다. 애초에 만주국 건축 조직의 모체가 없었던 데다 설립하자마자 활동을 시작해야 하는 상황이었던 터라 경험이 많은 사람이 필요했다. 그 전형이 22년간 중국 동북 지방에서 활동해온 아기가다. 그 외에도 이곳에서 활동하던 건축가·기술자가 많았던 것은 앞의 표 7에서 확인할 수 있다.

셋째, 1936년 이후 만주국에 채용된 기정의 약 반수가 도쿄제국대학 건축학과 졸업생이었다. 1936년 2월 4일 영선수품국장에 가사하라 도시로가 취임한 것이 계기였으나 그 이전부터 도쿄제국대학 교수·도쿄시 건축국장을 지낸 사노 도시가타의 관여가 있었다. 관동군 사령부는 1932년 9월 29일 도쿄제국대학 교수 사노 도시가타와 교토제국대학 교수 다케이 다카시로에게 국도건술국 고문 자리를 제안했다. 다케이는 조건이 맞아 고문이 되었고, 사노는 조건이 맞지 않아 1932년 11월 중순부터 약 1개월간 신징을 방문하는 선에서 결론이 났다. 가사하라나 국무원 청사 설계를 담당했던 이시이 다쓰로를 비롯해 아이가의 뒤를 이어 건축 조직의 책임자가 된 구와바라 에이지, 오쿠다 이사무, 후지오 미쓰루, 구즈오카 마사오 등은 직간접적으로 사노와 관계가 있었다고 할 만한 인물이었다.

넷째, 단기간에 규모가 커졌다. 만주국 정부가 건설 사업을 급속하게 확대했기 때문이다. 기술자 수는 1932년 말 수용처 영선과와 국도건설국 건축과를 합쳐도 17명에 불과했는데, 1939년 말에는 26명으로 늘어났다. 그러나 이 사이 정원이 늘어난 만큼 실제 채용이 이루어지지 않아 심각한 건축기술자 부족을 초래했다. 1938년에는 『정부 공보』에 기술자 모집 공고를 게재하고 적극적으로 기술자 채용에 나서기도 했다.

6
건축가의 이동

여러 지배 지역에서 활동

일본이 지배했던 지역의 건축 조직을 개괄해보면 한 조직에 반드시 여러 지배 지역을 거친 건축가가 있었다는 점이 눈에 띈다.

오노기 다카하루가 대표적이다. 오노기는 1902년 대만 총독부 촉탁이 된 이래 1930년 다롄에서 건축사무소를 해산할 때까지 28년간 일본에 귀국하지 않고 대만과 중국 동북 지방에서 활동했다. 처음 5년은 대만에서, 1907년부터 1923년까지는 만철 기사로 만철 본사의 건축계장과 건축과장을 지냈다.

1923년 4월에 만철을 그만둔 그는 그해 11월에 이미 만철에서 퇴사한 요코이, 이치다와 함께 다롄에서 오노기요코이이치다 공동건축사무소(통칭 공동건축사무소)를 열었다. 공동건축사무소는 1925년 2월에 이치다가 만철 본사 건축과장으로 복귀하자 요코이와 오노기 공동 경영으로 바뀌었고, 오노기가 물러나는 1930년 2월까지 존속했다. 오노기는 그 후에도 다롄에 살았고 1932년 12월 다롄에서 사망했다. 일본의 식민지 건축을 생각할 때 건축가로서 오노기의 인생은 다음 세 가지 이슈를 제기한다.

첫째, 오노기가 대만총독부에서 만철로 옮겨 간 일이다. 이는 만철 건축 조직이 지배 지역인 중국 동북 지방에서 활동하는 데 큰 의미를 띠었다. 즉, 이민족 지배나 일본과는 다른 기후나 풍토를 겪어보지 못한 만철의 일본 건축가·건축기술자들이 만철 본사가 다롄으로 이전하면서 작업을 시작하기란 매우 힘든 일이었다. 한마디로 암중모색, 오리무중 상태였던 것이다. 그런 와중에 식민지 대만에서 활동한 오노기의 존재감은 컸다. 더욱이 그가 조직 전체의 책임자 자리에서 대만에서의 경험을 살려 업무를 주도함으로써 만철의 건축 조직이 움직이기 시작했다고 말할 수 있다.

둘째, 오노기는 일본 국내를 거치지 않고 지배지에서 지배지로, 지배기관에서 지배기관으로 이동했다. 그의 건축 경력이 일본 국내와 관련 없이 성립했다는 점을 보여준다.

셋째, 오노기의 건축 활동 중심지는 오직 일본의 지배지였다. 오노기는 1899년 7월 도쿄제국대학 건축학과를 졸업한 후 다음 달 해군기사가 되어 구레 진수부[13]에 근무했다. 그후 몸이 안 좋아 퇴직하고 1902년 1월에 문부성 촉탁이 되었다. 대만에 건너간 것은 그해 10월로, 오노기가 건축가로서 일본에서 활동한 것은 고작 3년이었다. 게다가 갓 대학을 졸업한 후였고 해군이나 문부성에서 주체적으로 설계를 할 위치는 아니었다. 따라서 일본에서 그가 주도적으로 설계한 건물

---

13. 일본 제국 해군 함대의 후방을 통괄했던 기관.

은 거의 없었다. 실제로 오노기의 사망 소식을 전한 『건축잡지』나 『만주건축협회잡지』는 그의 작업으로 대만총독부 시절 건축물을 소개할 뿐, 해군 기사나 문부성 촉탁 시절의 건축물은 전혀 언급하지 않았다. 해군기사나 문부성 촉탁으로 재직했을 당시 그의 건축물이라고 할 작업이 없었다는 뜻이다. 즉, 오노기는 일본인 건축가이면서 일본 국내에 설계한 건축물이 없는 전형적인 '바다를 건넌 건축가'였다.

오노기처럼 '바다를 건넌 건축가'로는 마미즈 히데오, 노무라 이치로, 오카다 도시타로, 나카무라 요시헤이, 구니에다 히로시, 아이가 겐스케, 오다 소타로 등이 중요한 이들이다. 여기에서는 앞에서 언급한 건축 조직에 관계한 인물인 노무라, 구니에다, 아이가, 오다로 한정해 이야기하고자 한다.

대만에서 조선으로, 노무라 이치로

노무라 이치로가 대만총독부 기사, 특히 대만총독부 영선과장을 지낸 후에 조선총독부 청사의 건설에 관여한 것에 대해서는 이미 소개했다. 그는 1895년 제국대학 건축학과를 졸업하고 육군기사로 근무한 뒤 1899년에 대만총독부 기사가 되었고 1904년부터 1914년까지 대만총독부 영선과장을 지냈다. 이 사이 대만총독부는 대만 전 지역에 적극적으로 공공시설을 지었는데, 노무라가 이를 주도했다. 그리고 1909년 설계경기가 열린 대만총독부 청사의 실시설계에 관여했다. 1914년에 대만총독부를 나온 후 오사카에서 건축사무소를 열고 이와 동시에 조선총독부 촉탁이 되어 조선총독부 청사 신축 설계에 관여했다.

노무라가 대만에서 조선으로 이동한 것은 그의 대만총독부 영선과장 경력에 조선총독부가 주목했기 때문이다. 조선총독부는 대만총독부 청사 설계에서 보여준 노무라의 업적을 고려해 당시 설계 중이던 조선총독부 청사 설계에 그의 경험을 살리고자 했다.

연차나 대규모 청사 건축 경험을 따진 것이라면 일본 대장성 등에 소속한 기사를 고용해도 좋았을 것이다. 그러나 조선총독부는 대만총독부 청사 실시설계 경험과 그곳에서의 15년 활동을 중시했다. 일본 국내에는 없는 관아건축인 총독부 청사에 관계했던 인물, 더불어 식민지에서 건축을 해본 인물이라는 두 조건에 맞는 노무라를 선택한 것이다.

조선에서 일본으로, 구니에다 히로시

노무라를 실질적인 고문으로 불러 조선총독부 청사의 설계를 추진한 구니에다 히로시가 조선총독부를 퇴직한 직후의 이동을 살펴보자. 대학 졸업부터 조선총독부 퇴직까지의 경력에 대해서는 이미 언급했다. 그가 조선총독부를 퇴직한 것은 1918년이고 다음 해 오사카에서 구니에다공무소를 열었다.

그 후 10년 동안 구니에다는 오사카를 중심으로 긴키나 주고쿠 지방, 특히 도쿄나 요코하마에서 은행이나 소학교를 중심으로 49건의 설계를 했다. 그가 조선에서 일본으로 귀국한 것은 일본의 제2차 세계대전 패전 훨씬 이전이다. 활동 거점을 지배 지역에서 일본으로 이동한 것에 주목할 필요가 있다.

게다가 귀국 후 작업이 이전에 비해 양이나 질 면에서 떨어지지 않는다. 구니에다는 대학 졸업 후 일본에서의 경력이 없는 상태에서 지배 지역으로 진출한 터라, 조선총독부를 그만두고 민간 건축가로서 일본으로 거점을 옮긴 것은 큰 위험이 따르는 결정이었다. 그러나 실제로 그의 활동에 제약은 없었다. 이는 조선에서의 경험이 축적된 결과로 해석할 수 있겠다. 똑같이 조선에서 일본으로 옮겨 온 그의 동급생 나카무라 요시헤이도 이 같은 전철을 밟았다.

만철을 따라 움직인 아이가 겐스케

오노기처럼 다롄을 거점으로 활동한 만철 소속 건축가 가운데 이동의 문제를 살필 때 주목할 사람은 아이가 겐스케와 오다 소타로이다.

아이가 겐스케는 만철 본사가 도쿄에서 다롄으로 이전한 1907년에 사무직원으로 입사해 건축계에서 일하면서 설계·감리에 흥미를 느껴 1911년 도쿄고등공업학교 건축과 선과생으로 입학, 2년을 다녔다. 1913년 만철에 복귀해 본사 건축계(1914년부터 건축과로 개칭)에 기술직원으로 배속되었다.

1920년 만철을 퇴사한 후 상사 요코이가 다롄에서 주재하는 요코이 건축사무소에 입사했다. 이 사무소는 1923년 요코이가 오노기, 이치다와 공동 경영하는 오노기요코이이치다 공동건축사무소가 된다. 그 후 만철 본사의 인사이동 영향으로 이치다가 건축과장으로 취임하고 아이가도 만철에 복귀했다. 1932년 만주국 정부가 들어서자 만철에서 만주국 정부 산하 건축 조직으로 자리를 옮겨 1938년 퇴직할 때까지 책임자로 있었다.

이후 만주국 정부를 떠나 만철로 복귀했으나 1941년 만철을 퇴사하고, 만철 계열사인 동아토목에 입사했다. 1943년에는 후쿠다카구미로 옮겨 건축과장을 지내다 1945년 1월 병환 치료 중 벳푸에서 사망했다. 이 사이 1942년 4월 만철 및 공동사무소 시절의 상사였던 아오키와 함께 홍콩총독부 촉탁으로서 홍콩 총독관저를 증·개축했다. 당시 홍콩 총독 이소가이 렌스케가 인척이었던 아오키(이전 성[姓] 이치다[市田])에게 이 작업을 부탁했다. 작업을 수락한 아오키는 이전 부하였던 아이가를 비롯해 만철 소속의 무라카미 쓰기야, 후지무라 세이치를 데리고 다롄에서 홍콩으로 건너갔다. 한편 홍콩 총독관저 증·개축 설계자는 후지무라라고 보는 견해가 일반적이다.[14]

다롄에서 경력을 쌓은 오다 소타로

창립부터 만철에서 아이가와 같이 일한 오다(이전 성[姓] 요

---

14. [원주] 橋谷弘, 『帝國日本と植民地都市』, 吉川弘文館, 2004.

시다[吉田]) 소타로는 착실히 일해오던 오다 다케시가 1910년 8월 병환 때문에 일본으로 돌아가자 만철을 퇴사하고 미국으로 건너가 컬럼비아대학에 입학했다. 그가 학부와 대학원 석사과정을 마치고 다롄으로 돌아온 것은 1924년 1월의 일이다.

이 사이 오다 다케시가 사망했고, 1915년 오다 집안의 양자가 되어 요시다에서 오다로 성을 바꾸었다. 다롄으로 돌아간 오다가 의지한 사람은 이전 상사였던 오노기, 요코이, 이치다 세 사람이었고, 그들이 공동 운영하는 건축사무소에 입사했다. 1927년 2월에 다시 만철에 들어갔고, 1937년 1월 다롄 공사사무소장, 그해 4월 본사 공사과장이 되었다. 만철 본사 건축과장과 공사과장을 지낸 오노기, 오카 다이로, 아오키 기쿠지로, 우에키 시게루는 모두 도쿄제국대학 건축학과 출신이었는데, 오다가 처음으로 그 관례를 깼다.

1937년 11월에 만철 부속지가 철폐되자 지방부(地方部)도 폐지되었고 그 산하에 있던 공사과 소속 건축가·건축기술자는 철도총국 산하의 다롄 공사사무소로 옮겨 가야 했다. 오다는 이곳에서 소장을 지내다가, 일본군이 화북을 점령하면서 점령지의 철도 경영이 일시적으로 만철에 넘어가게 되어 1938년 9월에 만철북지(北支) 사무국 건축과장으로서 베이징으로 자리를 옮겼다. 그리고 다음 해 4월 만철북지 사무국을 모체로 설립된 화북교통주식회사 건축과장으로 취임했다. 2년을 일한 후 1941년 4월 펑톈 소재 건축회사 우에키구미에 입사해 1945년까지 재직했다.

아이가와 오다의 이동과 인선에는 공통점이 있다. 둘 다

만철이라는 조직과 다롄을 중심으로 이동을 반복했고, 그사이 거의 귀국하지 않았다. 만철이라는 조직을 중심으로 다롄을 거점 삼아 건축가로 활동했기에 귀국할 필요성이 거의 없다.

오노기, 노무라, 구니에다, 아이가, 오다 소타로의 이동을 보면, 건축가로서 성장하는 장으로서 거점으로 삼은 지배지가 있었고 그들은 거기에서 축적한 경험과 지식을 토대로 다음 발령지에서 활약했다. 구니에다는 두 번째 활동 영역이 일본 국내이기도 했으나, 나머지 네 사람은 계속해서 지배 지역에서 활동했다.

이 다섯 명 가운데 구니에다만이 조선을 최초의 거점으로 한다. 그의 이동을 보건대 대만이나 중국 동북 지방에 비해 조선이 일본과의 연결이 상대적으로 강했음을 알 수 있다. 달리 말하면, 구니에다의 상황이 특이한 것일 뿐 지배 지역에 거점을 둔 건축가는 기본적으로 귀국을 염두에 두지 않고 지배 지역 사이를 이동했다고 말할 수 있다.

3장 식민지 건축을
뒷받침한 재료

건축은 건축주의 발주와 자금 출자, 건축가에 의한 설계와 감리, 시공사에 의한 공사 등 많은 사람의 협업으로 진행되는데, 여기에서 잊지 말아야 할 것이 건축 재료다. 이 장에서는 일본이 지배 지역에서 건축 재료, 특히 벽돌, 포틀랜드 시멘트, 철과 식민지 건축의 관계를 살펴보고자 한다.

벽돌, 시멘트, 철을 다루는 이유는 다음과 같다.

먼저, 이 재료들이 하나의 시대를 상징하기 때문이다. 벽돌은 일본을 제외한 동아시아 지역에서 20세기 전반까지, 일본에서는 19세기 말부터 20세기 전반에 주요 건축 재료였고, 철은 20세기의 새로운 건축 재료였다. 포틀랜드 시멘트는 이책이 다루는 시대 전반에 걸쳐 주요한 건축 재료였다. 그리고 이들 재료의 산지와 건축 현장의 관계 때문이다. 벽돌은 비교적 쉽게 생산 가능해서 생산지와 소비지 사이 거리가 짧다. 특수한 사정이 없는 한 벽돌은 국경을 넘어 유통되는 일이 드물다. 그에 비해 포틀랜드 시멘트와 철은 대규모 설비를 갖춘 공장에서 생산되고, 수요에 따라 세계적으로 이동하는 재료이다. 예를 들어, 관동도독부 기사였던 마에다 마쓰오토가 설계한 다롄민정서 청사(1908년 준공) 본체에 사용한 벽돌은 다 롄에서 생산된 것이었고, 벽돌 접합을 위해 쓴 포틀랜드 시 멘트는 다롄에서 생산되지 않아 일본에서 수입해 썼다. 필요 에 따라 일본의 지배지와 일본을 이동했던 자재가 있었던 것 이다.

1
벽돌

붉은 벽돌을 적극 도입하다

벽돌은 세계적으로 보급된 건축 재료인데 일본만이 예외였 다. 일본 이외의 동아시아에서는 중국 건축의 영향을 받아 '전'(磚)이라는 흑벽돌이 전통적인 건축 재료로 보급되었고 20세기 전반까지 널리 사용되었다. 중국 동북 지방과 같이 기 후가 건조한 지역에서는 일건(日干)벽돌[1]도 주택의 벽 등에 사 용되었다. 6세기 후반 불교 건축이 일본에 들어오면서 벽돌이 흘러들어와 기단이나 담에 사용되기도 했으나 벽 등 건물 본 체에는 사용되지 않았다. 일본에 벽돌이 보급된 것은 19세기 후반 서양 건축이 수입되면서부터다. 그러나 이때는 흑벽돌이 아니라 붉은 벽돌이었다.

---

1. 햇볕에 말린 벽돌을 말한다.

동아시아 가운데 조선, 대만, 중국 동북 지방 등 일본 지배 지역에서 나타난 식민지 건축의 주 재료는 모두 붉은 벽돌이었다. 어느 지역에서는 일본에서 서양 건축을 학습한 건축가들이 식민지 건축의 중심에 있었고, 그들을 통해 붉은 벽돌이 지배 지역에 보급되었다. 그러나 각 지역의 식민지 건축에서 붉은 벽돌이 적극적으로 채용된 이유는 서로 달랐다.

대만에서는 19세기 말 대만총독부 초기에 타이베이의원 등 목조 건물이 많이 지어졌다. 대만은행 본점 등 시가지에 신축된 민간 주도 건물도 그러했다. 그런데 목조 건물은 흰개미에 취약해 건축된 지 10년쯤 후에는 다시 지어야 했다.

1911년 대만총독부 기사가 된 이데 가오루는 「개예(改隸) 40년간 대만 건축의 변천」[2]에서 목조 건축이 흰개미의 '먹이'가 되었다고 보고한다. 그래서 대만총독부는 전면기초를 '개미를 막는 콘크리트'로 불린 두께 4촌(약 12센티미터)의 콘크리트로 사용하고 목조가 아닌 벽돌 구조의 건축물을 대량으로 지었다. 1900년 대만총독부가 제정한 대만 가옥 건축 규칙과 그 시행 세칙에는 흰개미 피해가 고려되어 있지 않았으나, 1907년 개정안에서는 흰개미를 막는 콘크리트를 장려했다. 그러나 건물 전체를 철근콘크리트 구조로 짓는 공법은 보급이 오래 걸려 상부 구조로는 벽돌 구조가 권장되었다.

중국 동북 지방에서는 관동도독부나 만철이 철저한 벽돌 구조 보급을 꾀했다. 도시 전체의 불연화(不燃化)와 서양풍 건

---

2. [원주]『台湾建築會誌』8권 1호, 1936.

축물 건립을 노린 것이었다. 두 지배 기구는 벽돌 구조를 전제
로 한 건축 규칙이 시행했으며, 이를 바탕으로 벽돌 제조업이
중요한 산업으로 자리 잡았다.

잉커우군정서의 벽돌 공장

러일전쟁 시 일본군 점령지에서 벽돌을 확보하는 일은 점령
지 행정을 맡은 군정서에 중요한 과제였다. 일본군이 점령한
잉커우에서 군정서는 도로, 다리, 제방 개수에 필요한 붉은 벽
돌을 제조하기 위해 1906년 호프만 가마를 만들었고, 한 달에
벽돌 2만 5천 장 생산을 목표로 했다. 당시 오사카요업주식회
사 지배인이었던 오다카에게 설계를 의뢰해 완성한 호프만
가마만으로는 잉커우군정서의 수요를 맞출 수가 없었다. 기존
의 중국식 가마나 제정 러시아가 만든 가마까지 사용해 벽돌
을 증산했으며 이해 10월 민간에 불하할 때까지 총 300만 장
를 제조했다.[3] 1903년 일본 연간 벽돌 총생산량 8560만 장인
데, 이것의 3.5퍼센트에 해당하는 양을 잉커우군정서의 벽돌
공장에서 찍어낸 것이다. 중국 동북 지방의 벽돌 수요가 얼마
나 컸는지를 엿볼 수 있는 부분이다.

　　오다카 쇼에몬이 잉커우에서 만든 호프만 가마는 1858년
독일인 프리드리히 호프만이 특허를 얻은 벽돌 제조용 가마

3.　[원주] 滿鉄調査部編,『營口軍政誌抄』, 南満州鉄道, 1936-39; 松田長三郎編,『大
高圧右衛門紀念誌』, 大高壓右衛門傳編纂所, 1921.

이다. 평면은 원형 또는 트랙형이고 단면은 볼트(vault) 모양이며, 천장에 난 작은 구멍으로 가마 내부로 분탄을 떨어뜨려 연료를 공급한다. 가마 전체를 작은 방으로 구분해 방마다 순서대로 불을 넣는다. 원형 평면을 따라 불이 한 바퀴 도는 사이 다 구워진 벽돌은 가마에서 꺼내고 다음 벽돌을 가마에 넣으면 한 번 넣은 불을 끄지 않고 계속 벽돌을 구울 수 있었다. 이는 종래의 가마와 크게 다른 점이었다. 또 분탄을 떨어뜨리는 작은 구멍을 통해 공기가 가마 안으로 들어가고 바닥면에 가깝게 난 벽면 배기구로 공기가 빠져나가 가마 내부의 온도가 일정하게 유지되었기 때문에 벽돌 품질 또한 균일했다.

조선의 조악한 벽돌을 둘러싼 문제

조선에서는 재래식 벽돌이 통용되고 있었다. 통감부는 불연성과 단열성, 목조보다 높은 내구성과 저렴한 시공 비용에 주목하고 벽돌 구조 건축물을 보급하기 위해 1907년 한국 정부의 탁지부에 벽돌 제조소를 설립했다. 이 안건을 낸 사람은 대장성 임시 건축부 기사 야바시 겐키치였다. 그는 한국의 추운 날씨에 벽돌을 이용한 '밀폐식 가옥'이 어울린다는 점, 목재가 부족한 한국에서는 벽돌 구조 가옥과 목조 가옥 건설비 차이가 적다는 점, 벽돌 구조 가옥이 목조 가옥보다 수명이 다섯 배 길고 불에 강하다는 점 등의 이유를 들어 벽돌 생산을 제언했다.

같은 해 3월에 벽돌 제조소 설립이 결정되었고 등가마

3기, 호프만 가마 1기를 갖출 공장이 경성 교외 도화동(현 마포구 도화동)에 건설돼 10월부터 가동되었다. 다음 해에 호프만 가마 1기를 증설하고 하루에 3만 5천 장의 벽돌을 굽는 생산성을 갖췄다.[4] 연 생산량을 추산해보면 1206만 장이고, 이는 앞서 언급한 1903년 일본 연간 벽돌 생산량 8560만 장의 약 15퍼센트에 해당한다.

공급량 확보 외에도 해결해야 할 문제가 있었다. 벽돌의 질과 강도, 크기의 규격화였다. 조선에서는 조악한 질의 벽돌이 유통되었고 벽돌 벽이 갑자기 무너지는 등 여러 문제가 터져 나오고 있었다.

『조선과 건축』 16권 9호에는 조선건축회가 1937년 7월 17일 개최한 '벽돌에 관한 좌담회' 내용이 실렸다. 좌담회에서는 우선 벽돌의 질과 강도 문제가 제기되었다. 일반적으로 벽돌의 강도는 벽돌에 틈이 얼마나 많은지로 판단한다. 틈이 많을수록 벽돌 강도가 떨어진다는 것이 통설이다. 한랭 지역에

4. [원주] 度支部建築所, 『建築所事業槪要第一次』.

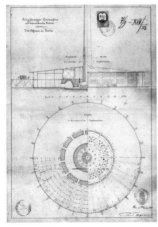

호프만 가마 평면과 독일 하노버 빌리스판 공원에 있는 실제 가마의 모습

서는 틈이 많은 벽돌이 냉해를 받기 쉽다는 지적도 있었다. 그래서 벽돌 구조 건물을 올리는 공사 현장에서는 납품된 벽돌을 물에 적셔, 그 전과 중량을 비교해보고, 중량이 크게 늘어나는 벽돌은 사용하지 않았다.

좌담회에서 조선총독부 기사 사사 게이이치나 하기하라 고이치가 벽돌의 규격을 통일하고 규칙을 정해 질 낮은 벽돌의 판매를 단속할 것을 주장한 이유이다. 조선총독부 기사였던 두 사람의 발언에는 무게가 있었다.

일본 표준 규격에 따르면, 질 좋은 벽돌이라 함은 건조한 벽돌을 물에 적셨을 때 늘어난 중량이 14퍼센트 이하여야 했다. 조선총독부에서 경성부 청사 건설 당시 일본 표준 규격에 맞춰 벽돌을 실험했다고 알려져 있으나, 통일된 기준을 만든 것은 아니었다.

그러나 이 둘의 의견에 정면으로 반대한 이가 있었다. 하자마구미 조선지점에서 근무하던 야스이 신헤이였다. 야스이는 일본에서 적용되는 엄격한 규격 사항을 일본과 조건이 다른 조선에 적용하는 것에 반대하며 오히려 벽돌 보급을 확대할 방안을 꾀해야 한다고 주장했다. 그는 벽돌이 조선의 한랭 기후에 알맞은 재료임에도 불구하고 규격화 때문에 보급이 저해될 수 있다고 지적했다. 건축 시공 현장에 정통했던 야스이는 일반 공사 현장에서 벽돌이 얼마나 중요한 재료인지와 벽돌을 대신할 재료가 없는 현실을 충분히 인식하고 있었기에 사사나 하기하라의 주장에 이견을 제기했던 것이다.

바다를 건너 운반된 벽돌

벽돌은 비교적 제조가 쉬워 국경을 넘어 수출입되는 경우가 드물지만, 특수한 사정이 생긴다면 이야기는 달라진다.

예를 들면 만주사변이 일어나기 전인 1930년 일본 지배지 중국 동북 지방의 최북단 창춘에는 커다란 벽돌 공장 다섯 개가 있었다. 그중 일본 자본의 두 개 공장만으로 연간 844만 장의 벽돌을 제조했다. 그리고 당시의 무역 통계를 보면 1926년 1017톤, 1927년 1497톤의 벽돌이 창춘역에서 동청철로(중동철로)로 운반되었다.[5] 이를 당시의 표준 벽돌 중량(2.3킬로그램)을 기준으로 개수로 환산하면 1927년 약 65만 장이 된다. 운반된 곳은 알 수 없으나 창춘역에 인접한 콴청쯔역에서 전량 하역했으리라고는 생각하기 어렵고, 중동철로의 거점이었던 하얼빈이나 중동철로 근방 도시로 운반된 것으로 생각할 수 있다. 한편, 이 시기 중동철로를 통과해서 창춘역에 도달한 화물품 가운데 벽돌이 전혀 없었다는 점은 중동철로 근처에서 벽돌 수요가 컸음을 말해준다.

벽돌은 바다를 건너 대만과 중국을 오가기도 했다. 대만총독부가 작성한 『1929년 대만 무역 연표』에 의하면 1927년 8513장, 1928년 26만 7969장의 벽돌이 대만에서 중국으로 수출되었다. 그 태반이 아모이, 산터우, 푸저우 등 중국 남부에 있는 도시였다. 대만이 중국으로부터 수입한 벽돌은 1927년 9만 9560장, 1928년 5만 5315장이었다. 대만의 대

---

5. [원주] 満鉄長春地方事務所編, 『長春事情』.

중 수입 품목에 부벽돌(敷煉瓦)이란 것도 있는데, 1927년에는 63만 3249장, 1928년에는 53만 3117장이 수입되었다. 부벽돌 대부분은 아모이에서 배에 실려, 절반 정도가 대만 남부의 항구 가오슝이나 안핑으로 왔다. 이 부벽돌은 무역 통계 품목에서 벽돌이나 내화 벽돌과 구별되어 "Tiles for paving"(바닥용 타일)이라는 영문으로 적혀 있는데, 아마 건물 외구(外構)나 기초·기반에 이용한 중국의 전통적인 흑벽돌·전으로 생각할 수 있다.

대만해협을 건넌 벽돌의 이동은 일본에 의한 대만 지배 이전부터 존재하던 대만-중국 남부 푸젠성 간 물류의 결과이며, 농산물을 싣고 대만에서 푸젠으로 간 배가 건축 재료를 싣고 돌아오던 전통적인 무역과 맞닿아 있었다.

무역 통계에서 벽돌과 부벽돌이 구별된 또 하나의 이유는 벽돌의 용도 차이다. 일본인 건축가가 설계한 벽돌 구조 건축물 외벽에 벽돌을 사용하는 경우, 대부분 붉은 벽돌을 쓰고 흑벽돌·전은 사용하지 않는다. 대만총독부 청사나 대만총독부 전매국 청사처럼 퀸 앤 양식의 연장선상에서 '다쓰노식'을 따르는 것이 많기 때문이다.

붉은 벽돌을 이용한 '다쓰노식' 건축의 전형인 구 대만총독부 전매국 청사

162

2
시멘트

1910년대부터 수출국이 된 일본

영국에서 주요 석재였던 포틀랜드석(Portland stone)[6]의 대용품으로 1824년에 개발된 포틀랜드 시멘트는 벽돌과 달리 대규모 생산 시설이 필요했기에 생산지가 한정되었고, 그 때문에 수출입되며 전 세계를 광범위하게 이동한 건축 재료다. 특히 20세기 전반 일본에서 대량으로 동아시아·동남아시아로 수출되었다. 조선, 대만, 관동주에서도 생산되어 일본이나 일본의 지배지, 그 외 다른 곳으로 수출되었다.

일본에서는 1871년에 도쿄·후카가와에 설치된 공부성(工部省)[7] 후카가와 공작분국(工作分局) 시멘트 공장에서 포틀랜드 시멘트의 제조에 성공했다. 그 후 1881년 최초의 민간 시멘트회사 오노다시멘트(야마구치현)가 사업을 시작한 이래, 다음 해에는 도요구미(아이치현, 미카와시멘트), 1885년에는 오사카시멘트(오사카), 도카이시멘트(시즈오카현), 시멘트제조소(도쿄, 일본시멘트) 등 전국 각지에 시멘트 공장이 설립되었다. 여기엔 시멘트 수요 증가와 사족 수산(土族 授産)

---

6. 영국 남부 포틀랜드섬 채석장에서 석재용으로 채굴되는 석회암을 지칭한다.

7. 일본 메이지 정부의 관청 중 하나로, 1870년 개설되어 철도, 조선, 광산, 철강, 통신 등 인프라를 정리하며 신산업 육성 정책을 추진했다. 1871년 설립된 고슈대학교를 관할하기도 했다.

사업[8]이라는 두 가지 배경이 깔려 있었다. 1909년에는 일본 포틀랜드 시멘트 동업회가 설립되었다. 같은 해, 일본 국내에서 18개 회사, 22개 공장이 조업했고 연간 생산은 42.8만 톤이었다.

일본 포틀랜드 시멘트 동업회가 편찬한 『시멘트계 휘보』에 실린 통계에 의하면, 1909년 일본 국내 생산 가운데 약 8.2퍼센트에 상당하는 3.5만 톤이 해외로 수출되었다. 그리고 제1차 세계대전 때문에 유럽 각국에서 아시아 지역으로 들어오던 시멘트 수입량이 줄어들자 일본의 대아시아 수출이 증대해 1915년에는 총생산량 64.3만 톤 중 20.5퍼센트에 해당하는 13.3만 톤이 수출되었다.

국내 생산량이 증가하면서 시멘트 수입 필요성이 낮아진 1914년에는 수입이 없었고, 관동대지진 재건 사업으로 인해 소비량이 급증한 1923-24년을 제외하면 1930년 중반까지 시멘트 수입량은 적었다. 일본은 1910년대부터 30년간 시멘트 수출국이었으며, 총생산량의 약 10퍼센트를 수출했다.

이처럼 포틀랜드 시멘트 수출이 증대한 이유를 다음의 세 가지로 정리할 수 있다. 첫째, 일본 제품이 서구의 것에 비해 저렴했다. 1927년 네덜란드령 자와섬이 수입한 포틀랜드 시멘트의 가격을 보면, 100킬로그램당 일본산이 6휠던[9]에서

---

8. 메이지 유신 이후 멸문한 무사 구제 사업.

9. 휠던(Gulden)은 네덜란드 화폐 단위로 영어로는 길더(Guilder)라고 불린다. 네덜란드어로 '금'이라는 뜻으로, 1휠던은 100센트에 해당한다.

6휠던 50센트였던 데 비해 유럽산은 7휠던에서 7휠던 25센트였다. 일본산이 유럽산보다 10-20퍼센트 저렴했다.

둘째, 중국과 동남아시아 지역에 시멘트 공장이 적었다. 중국의 경우, 1910년 설립된 공사의 세 개 공장만 조업했고 이들 공장에서 생산되는 연간 총생산량은 제1차 세계대전 당시 약 27만 5550톤에 불과했다. 이는 같은 시기 일본 생산량의 절반 정도이며, 중국에서는 부족분을 일본과 이탈리아, 독일, 홍콩에서 수입했다.

셋째, 포틀랜드 시멘트 품질의 확보다. 1905년 일본 정부는 농상무성의 규격으로서 포틀랜드 시멘트 표준 규격을 제정하고 일본제 포틀랜드 시멘트의 품질을 국제적인 수준으로 끌어올렸다.

일본의 시멘트 수출이 확대되자 각지에서 타국 제품과 경쟁이 심화되고 관세율 상승 및 수입 허가 제도 등의 조치가 강구되면서 수출량은 1930년 59만 톤을 정점으로 감소세에 접어들었다. 예컨대 1932년 중국 정부가 수입 시멘트 관세를 대폭 올렸으며, 광둥성 정부도 독자적으로 수입산 포틀랜드 시멘트에 대해 부가세를 부과했다. 한편, 네덜란드령 동인도(인도네시아)에서는 1933년부터 수입 허가제를 실시하고 수입 총량을 규제했다. 그 후 일본의 시멘트 수출은 만주국 건설 사업 확대에 따라 1937년에 당시까지 최대량인 62.2만 톤을 기록했으나 중일전쟁이 번지며 대중 수출이 중단되었고 전시 체제에 돌입하면서 늘어난 생산량은 국내 수요로 돌리며 수출량이 감소했다.

지배 지역에서의 생산

일본이 시멘트 수출국으로 발돋움한 1909년에 오노다시멘트 다롄 공장이 운영을 시작했다. 당초 만철과 관동도독부의 건설 수요를 보고 사업을 시작했으나 개업하고 4년이 지난 1913년에는 연간 생산고(3.28만 톤)의 43퍼센트(1.4만 톤)를 조선, 대만, 중국, 동남아시아로 출하하기에 이르렀다. 한편, 관동에서 조선으로 들어가는 물건에 붙는 이입세(移入稅)는 유지되었지만 1915년 일본에서 조선으로 가는 시멘트에 대해서는 이입세가 폐지되면서 전자의 이출입 물량이 극단적으로 감소했다. 이 여파로 오노다시멘트가 1919년 평양에 자사를 설립하고 그해 12월부터 시멘트 생산을 시작했다.

대만에서는 아사노시멘트가 가오슝에 공장을 건설하고 1917년 7월부터 월 4356톤(연 5.2만 톤)의 생산 목표를 가지고 조업한 5년간 당초 계획을 상회하는 생산량을 달성했다. 이 시멘트는 대만 국내만이 아니라 중국의 아모이, 산터우, 푸저우, 홍콩으로 수출되었다.

당시 모든 일본 지배 지역에는 일본 2대 시멘트회사인 오

1909년 개업한 오노다시멘트 다롄 공장

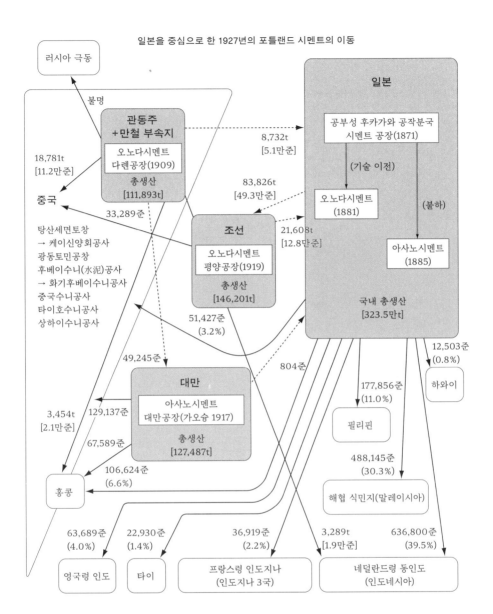

일본을 중심으로 한 1927년의 포틀랜드 시멘트의 이동

러시아 극동

일본

불명

공부성 후카가와 공작분국
시멘트 공장(1871)

관동주
+만철 부속지

8,732t
[5.1만준]

(기술 이전)

오노다시멘트
다롄공장(1909)

18,781t
[11.2만준]

83,826t
[49.3만준]

오노다시멘트
(1881)

(불하)

총생산
[111,893t]

중국

조선

21,608t
[12.8만준]

아사노시멘트
(1885)

33,289준

탕산세면토창
→ 케이신양회공사
광동토민공창
후베이수니(水泥)공사
→ 화기후베이수니공사
중국수니공사
타이호수니공사
상하이수니공사

오노다시멘트
평양공장(1919)

총생산
[146,201t]

국내 총생산
[323.5만t]

12,503준
(0.8%)

51,427준
(3.2%)

804준

177,856준
(11.0%)

하와이

49,245준

대만

필리핀

3,454t
[2.1만준]

129,137준

아사노시멘트
대만공장(가오슝 1917)

488,145준
(30.3%)

67,589준

총생산
[127,487t]

106,624준
(6.6%)

해협 식민지(말레이시아)

홍콩

63,689준
(4.0%)

22,930준
(1.4%)

36,919준
(2.2%)

3,289t
[1.9만준]

636,800준
(39.5%)

영국령 인도

타이

프랑스령 인도지나
(인도지나 3국)

네덜란드령 동인도
(인도네시아)

(주 1)　숫자는 1927년 화살표 방향의 포틀랜드 시멘트 이동량. 단위는 준(樽, 1준＝167kg).

(주 2)　일본으로부터의 이동량은 「우리 나라의 시멘트 무역」(我国のセメント貿易), 『시멘트계 휘보』(セメント界彙報) 196호(1928년 10월), 22-30항 참조. 괄호는 일본 국내에서의 수출량에 대한 백분비.

(주 3)　관동주에서 중국, 홍콩, 네덜란드령 동인도로의 이동량은 『오노다시멘트 100년사』(小野田セメント百年史, 1981), 308항 참조. 이 자료는 단위가 톤(t)으로 표기하고 있어 준으로 환산한 값을 별도로 괄호에 적었다. 관동주에서 러시아 극동지방으로의 수출량은 불명.

(주 4)　조선, 대만으로부터의 이동량은 『시멘트계 휘보』 208호 부록(1929년 4월).

노다시멘트와 아사노시멘트에 의해 시멘트 공장이 건립되었다. 이들 공장은 각 지역의 시멘트 수요를 충족하기보다 대량 잉여분을 수출하는 데에 눈을 돌렸다. 일본 내 생산량이 관동대지진 이전의 생산량을 넘어 비약적으로 증대하기 시작한 1926-27년에, 비록 단편적이지만 포틀랜드 시멘트의 이동 상황을 개관해보면, 일본과 그 지배 지역에서 생산된 포틀랜드 시멘트가 아시아 각지로 보내졌음을 알 수 있다.

지배지 사이를 이동하다

오노다시멘트 다롄 공장에서는 1923년 제2공장을 건설하고 생산력을 비약적으로 증대시켰다. 1926년 포틀랜드 시멘트 4.9만 톤을 수출했다(그중 4만 톤을 중국에 수출). 일본에 있는 오노다시멘트 공장의 해외 수출량인 4.6만 톤을 넘어선 물량이다. 다롄 공장의 이 같은 경향은 1927년에도 유지되어, 그해 총생산량 약 11.2만 톤 중 30퍼센트인 3.4만 톤이 일본, 대만, 중국, 홍콩, 네덜란드령 동인도(인도네시아)로 보내졌고, 이 중 1.9만 톤이 중국으로 수출되었다.

이 시기 중국의 시멘트 수입량 통계는 파악하기 어려워 1년 단위로 비교하기는 힘드나, 1925년 통계에 따르면 중국의 시멘트 수입량 10.6만 톤 가운데 2.6만 톤이 오노다시멘트 다롄 공장의 수출분이었다. 오노다시멘트 다롄 공장이 관동주 및 만철 부속지뿐 아니라 중국의 시멘트 수요를 충족했다고 말할 수 있다. 또한 지리적으로 먼 네덜란드령 동인도(인도네시아)에 수출되고 있다는 점도 주목할 부분이다.

『시멘트계 휘보』 통계에 따르면, 1926년 10-12월에 대만산 시멘트가 중국으로 2만 3292준(3882톤), 홍콩으로 1만 265준(1711톤) 수출되었다. 같은 시기 중국에서 대만으로 수입된 양은 1.6만 준(0.3톤)이었다. 『1929년 대만 무역 연표』에 따르면, 1929년 대만의 대중 수출량은 8033톤(이 중 절반이 아모이로, 30퍼센트가 산터우로 보내졌다), 대홍콩 수출량은 8562톤이었다. 『시멘트계 휘보』 155호(1927년 1월)에 게재된 「산터우 시멘트 시황(市況)」에서 산터우 주재 일본 영사는 아사노시멘트가 생산한 시멘트가 광둥성 산터우에 수입되고 있다는 취지의 보고를 남겼는데, 이것이 아사노시멘트 대만 공장의 제품이라고 볼 수 있다.

조선에서는 상황이 달랐다. 1926년 4/4분기에 조선에서 중국으로 1.0만 준(0.2만 톤)이 수출되었고, 중국에서 수입한 양은 겨우 2준에 불과했다. 일반적으로 조선에서 중국으로 시멘트가 수출된 것이다. 같은 시기, 일본에서 조선으로는 9.4만 준(1.6만 톤)의 시멘트가 이동했다. 당시 시멘트 수급을 논한 문헌 「조선에서의 시멘트 수급 상황 (2)」[10]을 보면, 1926년 조선의 연간 시멘트 생산량은 80만 준(23.4만 톤)인데, 연간 소비량은 92만 준(15.4만 톤)으로 부족분 12만 준을 들여올 필요가 있다고 쓰여 있다.

오노다시멘트가 낸 통계에 의하면, 1926년 조선 전역의

---

10. [원주] 『セメント界彙報』 165号.

표 8. 일본 및 지배지의 포틀랜드 시멘트 생산량과 수출입량(단위: 톤)

연도	일본 생산량	수출량	수입량	관동주 생산량	조선 생산량	대만 생산량	지배지 생산량 합계
1909	42.8	3.5	0.0	1.0	0	0	1.0
1910	42.9	6.6	0.0	2.6	0	0	2.6
1911	52.6	3.6	0.0	2.4	0	0	2.4
1912	55.5	1.0	0.1	3.1	0	0	3.1
1913	66.2	2.2	0.0	3.3	0	0	3.3
1914	59.1	4.2	0	3.5	0	0	3.5
1915	64.3	13.2	0	3.8	0	0	3.8
1916	78.9	11.6	0	3.8	0	0	3.8
1917	90.0	8.6	0	3.8	0	1.0	4.8
1918	107.3	13.4	0	3.9	0	3.3	7.2
1919	103.8	11.0	0	3.8	0	3.5	7.3
1920	123.4	18.2	0	3.3	3.8	4.8	11.9
1921	139.9	13.2	0	4.0	5.2	6.4	15.6
1922	166.9	8.7	0	4.1	5.4	9.8	19.3
1923	202.3	3.5	0.8	5.1	6.3	10.7	22.2
1924	191.2	9.7	2.8	10.3	7.1	11.3	28.8
1925	216.9	34.4	0.0	8.6	10.7	9.6	28.8
1926	296.7	31.5	0.0	11.1	12.7	12.7	36.5
1927	323.5	33.6	0.0	11.2	14.6	12.7	38.6
1928	349.0	34.1	0.0	15.1	15.7	11.8	42.7
1929	377.7	44.7	0.0	20.6	25.6	12.8	59.0
1930	327.7	59.0	0.0	19.5	24.6	12.1	56.2
1931	323.2	52.0	0	16.2	23.2	12.6	52.0
1932	342.5	47.0	0	10.9	21.2	12.2	44.4
1933	431.7	44.6	0	16.5	24.8	14.3	55.6
1934	448.3	44.0	0	16.2	22.2	14.1	52.6
1935	553.1	55.4	-	16.6	46.0	14.6	77.6
1936	567.2	51.3	-	18.0	56.7	14.3	89.0
1937	613.0	62.2	-	14.0	56.2	14.6	84.9
1938	592.5	45.5	-	15.5	59.6	14.9	90.0
1939	620.0	42.3	-	15.9	64.6	22.4	102.9
1940	607.5	22.9	-	12.1	59.4	22.2	93.7
1941	583.8	21.5	-	11.2	56.5	21.2	89.0
1942	435.6	1.6	-	16.7	52.4	21.5	90.6
1943	355.0	1.8	-	15.6	63.2	21.7	100.6
1944	296.0	7.4	-	19.0	65.2	23.0	107.2
1945	117.6	0.7	-	4.6	9.0	5.9	19.8

(출처) 「全社対当社生産高」, 日本セメント株式会社社史編纂委員会編, 『七十年史·本編』(1955) 부록; 「我邦に於けるポルトランドセメント業の発達」, 『セメント界彙報』321호(1934년 12월), 31쪽; 日本経営史研究所編, 『小野田セメント百年史』(1981), 350, 399, 402, 770쪽, 日本セメント株式会社社史編纂委員会編, 『七十年史·本編』(1955), 613쪽을 토대로 재구성했다.

(주 1) 일본 국내 생산량은「전사 대 당사 생산고」(全社対当社生産高)에 실린 수치에서 대만, 조선, 관동주의 생산고를 제한 것.

(주 2) 수출량·수입량 1909-1934년 수치는 「우리 나라 포틀랜드 시멘트업의 발달」(我邦に於けるポルトランドセメント業の発達), 『시멘트계 휘보』321호, 31쪽 통계자료를, 1935-1945년 수치는 『오노다시멘트 100년사』(小野田セメント百年史), 355, 390, 402쪽을 참조했다. 수입량 0은 수입이 전혀 없었음을 의미하며, 0.0은 0.1만 톤 미만이었다는 뜻이다. 1935년 이후는 통계가 없어 수치를 기입하지 못했으나(하이픈[-] 표기 부분), 실제로 수입은 이뤄졌을 것으로 추측한다.

(주 3) 관동주와 조선의 생산량은『오노다시멘트 100년사』, 770쪽을 참조했다. 조선의 경우, 1920년부터 시멘트 생산을 시작했기 때문에 그 이전 생산량은 전무하다.

(주 4) 지배지 생산량 합계의 경우, 원자료의 각 지배지 생산량을 합한 후 0.1톤 미만을 반올림한 것이다. 따라서 위의 표에서 각 지배지 생산량을 합한 것과 다른 경우가 있다.

시멘트 수요는 14.8만 톤이었는데 오노다시멘트 조선지사(평양지사)가 판매한 양은 그것의 52.5퍼센트에 해당하는 7.8만 톤이었고, 나머지 47.5퍼센트(7만 톤)는 일본에서 들여왔다.

당시 조선에서 도로, 철도, 다리, 항만의 개수나 신설, 수리가 한창 진행 중이었고, 조선총독부 청사(1926년 준공)나 경성부 청사(1926년 준공)로 대표되는 대규모 건축물 신축 때문에 시멘트 수요가 급증했기 때문이다. 예컨대 조선총독부 청사 공사가 이뤄진 6년간 총 6.2만 준(1.0만 톤)의 포틀랜드 시멘트가 사용되었다.[11] 1년에 평균 약 1만 준을 쓴 셈이다. 대

11. [원주]『朝鮮総督府庁舎新営誌』.

규모 청사 신축이 포틀랜드 시멘트의 수요를 증대시킨 한 요인임은 분명하다.

3
철

제철과 시멘트 통계로
건축 재료로서 철의 생산 경향을 읽다

철을 구조 재료로 사용한 건축은 철근콘크리트 구조와 철골 구조로 크게 나눌 수 있다. 전자는 철근과 콘크리트가 하중을 버티고 후자는 철재로 만들어진 프레임으로 건축물을 지탱하는 것이다. 또 이 둘을 병용한 철골 철근콘크리트 구조, 벽돌 구조와 병용한 철근 벽돌 구조나 철골 벽돌 구조에서도 구조 재로서 철재가 사용된다.

일본에서는 철근콘크리트 구조보다 철골 구조가 먼저 등장했다. 산업혁명이 진행되기 시작하면서 등장한 대규모 사무 빌딩이나 대공간이 요구되는 공장 건축에 철골 구조가 알맞았고, 이 시기에는 철근콘크리트 구조 시공 기술이 일본에 보급되지 않았기 때문이다. 1902년 준공된 미쓰이 본관은 철골 벽돌 구조로 지어진 사무 빌딩의 효시였다.

건물 전체를 철근콘크리트 구조로 한 최초의 건물은 1905년 사세보 진수부에 세워진 해군 시설이다. 시가지에 세워진 것으로는 1911년에 준공된 미쓰이물산 요코하마지점이 최초다.

철재를 쓰는 건물이 보급되려면 철재의 국내 생산이 불가결했다. 이 경향을 보여주는 제철 통계에는 그러나 두 가지 문제가 있다. 하나는 제철업 관련 통계는 여러 가지인데 수치가 일치하지 않는 경우가 많다는 것이다. 이 책에서는 여러 수치의 오류를 바로잡은 사단법인 일본강철연맹의 『자료·일본의 철강 통계 100년』를 바탕으로, 일본 국내와 지배지의 선철과 강재 생산량을 표 9로 정리했다.

다른 하나는 건축 재료로서 강철 제품에 관한 통계가 없다는 점이다. 기본적으로 건축물과 토목 구조물에 사용되는 재료인 포틀랜드 시멘트는 다른 분야에서는 거의 쓰이지 않았기 때문에 생산 통계로 건축 분야의 사용 상황을 유추할 수 있다. 그러나 이 시기 제철업은 건축·토목 분야뿐 아니라 철도, 조선, 병기 제조와 연관이 깊었기 때문에 선철과 강철 재료 전반의 동향만으로는 건축 재료로서 철의 사용량을 파악하기 어렵다. 따라서 포틀랜드 시멘트의 움직임과 함께 일본 국내와 지배 지역의 선철(주철) 및 강철의 움직임을 보여주는 것만으로는 건축 용재로서의 이동을 파악할 수 없기에, 얻을 수 있는 각 지역의 단기적인 정보를 토대로 강철의 이동을 유추하기로 했다.

일본으로부터의 수입에 의존하다

이러한 문제점을 감안하고 표 9를 보면, 일본 국내에서는 선철 생산량에 비례해 강철 생산량이 늘어났지만 지배 지역에서는 선철이 먼저 생산되고 그것이 강철 생산으로 연결되지 않음을 알 수 있다. 지배지에서 생산한 선철이 일본 등 다른

표 9. 일본과 지배지의 선철 및 강재(鋼材) 생산량과 수출입량(단위: 톤)

| 연도 | 일본 국내 | | | | | |
| | 생산량 | | 수출량 | | 수입량 | |
	선철	강재	선철	강재	선철	강재
1912	237,755	219,714	324	30,104	228,545	520,237
1913	240,363	254,952	358	13,613	265,066	459,043
1914	300,221	282,516	220	21,138	169,093	355,813
1915	317,748	342,870	422	25,507	166,843	202,747
1916	388,691	381,221	68	25,612	232,048	395,074
1917	450,642	533,941	332	46,178	232,252	638,784
1918	582,758	537,228	334	64,183	266,520	599,845
1919	595,518	548,527	1,494	79,464	345,553	674,192
1920	521,036	533,387	1,282	75,665	389,391	980,079
1921	472,725	564,924	2,104	64,360	275,146	576,759
1922	550,845	661,781	1,526	68,934	407,977	990,490
1923	599,698	754,674	1,664	80,757	427,949	728,013
1924	586,051	841,347	2,642	73,638	515,457	1,047,528
1925	685,178	1,042,978	1,862	90,023	400,216	496,713
1926	809,624	1,256,302	2,442	102,175	504,356	876,615
1927	896,171	1,415,121	2,070	125,569	575,615	788,506
1928	1,092,536	1,720,489	1,587	144,567	789,047	803,840
1929	1,087,128	2,033,880	1,223	166,760	791,653	763,396
1930	1,161,894	1,921,066	1,459	161,920	515,261	425,203
1931	917,342	1,662,858	2,158	179,765	494,575	247,573
1932	1,010,761	2,112,598	2,096	195,551	650,379	223,271
1933	1,436,682	2,791,948	2,418	256,469	801,280	397,423
1934	1,728,150	3,322,657	3,344	487,621	778,583	387,201
1935	1,906,787	3,978,373	3,841	649,359	1,092,541	350,267
1936	2,007,571	4,538,586	2,305	731,061	1,094,879	351,564
1937	2,308,451	5,080,022	2,042	580,779	1,129,934	768,989
1938	2,563,043	5,488,535	1,246	664,793	1,072,032	287,982
1939	3,178,602	5,437,729	1,191	780,491	928,030	170,683
1940	3,511,940	5,261,110	2,767	653,185	854,566	291,707
1941	4,172,710	5,046,447	3,092	552,692	784,292	144,632
1942	4,256,348	5,050,966	1,180	356,625	881,919	75,268
1943	4,032,295	5,572,015		92,160	315,169	25,235
1944	3,156,954	4,938,137		52,484	376,878	9,272
1945	976,567	1,443,960		15,989	100,711	5,989

(출처) 「I 統計からみた日本鉄鋼業100年・第1表日本(內地)の鉄鋼
生産および輸出入総括表」, 鉄鋼統計委員会編, 『資料・日本の鉄鋼統計
100年』(社団法人日本鉄鋼連盟, 1973), 11-12쪽; 「II・4 鉄鋼業参考資
料・第11表」, 같은 책, 61쪽.

연도	지배지					
	대만의 생산량		조선의 생산량		중국 동북의 생산량	
	선철	강재	선철	강재	선철	강재
1912						
1913						
1914						
1915					29,909	
1916					49,022	
1917					38,610	
1918			42,698		45,712	
1919			78,384	4,584	106,082	
1920			84,118	26,419	116,037	
1921			83,010	30,026	93,951	
1922			83,179	9,412	59,842	
1923			99,933		97,849	
1924			99,795		134,376	
1925			99,160		136,686	
1926			115,036		198,143	
1927			129,022		244,203	
1928			146,159		284,675	
1929			153,627		295,380	
1930			150,524		349,415	
1931			147,257		342,270	
1932			161,940		368,181	
1933			161,163		433,523	
1934			210,807	21,619	475,826	
1935			211,441	51,832	607,948	25,447
1936			208,958	56,612	633,432	135,306
1937			226,022	66,397	762,495	206,471
1938			294,523	92,464	827,285	352,667
1939			296,058	89,760	995,596	392,447
1940	561		246,083	82634	1,068,864	408,478
1941	3,532		298,466	114,358	1,260,269	419,827
1942			318,674	114,001	1,560,872	502,728
1943	-		-	-	869,000	527,882
1944	-		-	-	474,000	294,993
1945	-		-	-	-	-

(주 1) 위 자료에 수록된 원래의 표를 토대로 보강했다. 일본의 수출량 가운데 1931-42년 수치는 선철, 강괴(鋼塊)·반(半)제품을 합한 원 자료의 수치에서 '덩어리와 알 모양의 쇠를' 제외한 수치다. 공란은 0를 가리킨다. 1943-44년의 중국 동북 지방의 무쇠 생산량은 버림, 올림, 반올림한 수치다.

(주 2) 통계 수치가 없는 경우는 하이픈(-)으로 표기했다.

지역으로 운반되어 강철로 가공되는 구조였음을 읽어낼 수 있다.

일본의 지배 지역에서 제철은 철광석과 석탄이 풍부했던 만철 지배지 근처에서 먼저 이루어졌다. 러일전쟁 직후에 오쿠라 재벌은 번시후에서 철광석을 채굴하기 시작해 1911년 청일합작 번시후 매철공사를 설립하고 1915년부터 선철을 생산했다. 또 1918년 만철은 안산제철소를 설립하고 이듬해부터 선철 생산을 시작했다. 그러나 강철 생산이 궤도에 오른 것은 1935년부터였다.

만철 인근과 마찬가지로 풍부한 석탄과 철광석이 매장돼 있었던 조선에서는 1918년 미쓰비시가 대동강 좌안에 있는 겸이포에 제철소를 짓고 선철을 생산하기 시작했다. 겸이포제철소에서는 1919-22년에 강철도 생산했으나 지속하지는 않았다. 제철업의 원료인 철광석을 확보하기 어려웠던 대만에서는 제철업이 진전되지 않았으며, 통계에 잡힐 수준으로 선철 등이 생산된 것은 1940년의 일이다.

지배지의 생산 현황에서 보듯 건축 용재로서 강철을 확보할 수 있었던 곳은 거의 없었고, 일본에서 들여오는 것에 의지해야 했다. 표 10은 『자료·일본의 철강 통계 100년』에 수록된 일본-대만·조선 간 강재의 이동을 정리한 것이다. 다만, 강재에는 배나 병기 제조에 사용하는 강판, 철도의 레일, 와이어가 포함되어 있기 때문에 이 통계에서 건축 재료로서 철의 이동 경향을 읽어내기는 어렵다. 그래서 무역 통계상 강재 분류인 철근과 관련 있는 조강(條鋼)·봉강(棒鋼), 철골로 사용되는

표 10. 일본에서 대만 및 조선으로의 강재 이출량(단위: 톤)

연도	일본에서 대만으로의 이출량					일본에서 조선으로의 이출량				
	강재 합계	가옥·교량 건축 재료	봉강	레일	못	강재 합계	가옥·교량 건축 재료	봉강	레일	못
1912	22,642	2,232	3,905	1,922	1,628	3,391			3,391	
1917	14,085	117	1,870	4,457	1,087	10,916		1,727	5,111	
1922	32,463	479	6,776		1,834	32,603	2,457	8,854	9,953	1,857
1927	52,023	2,713	17,510		1,464	87,428	5,893	26,396	23,310	5,706
1932	69,647	9,812	20,316		2,007	123,640	7,237	34,827	35,829	9,614
1937	96,670	6,183	34,693	12,453	2,676	296,877	7,988	85,424	54,834	22,650
1942	33,468	2,766	9,727	2,579	1,059	190,945		94,647	26,871	

(출처) 「III-2 製鉄業参考資料(1908-1942年)」, 鉄鋼統計委員会編, 『資料·日本の鉄鋼統計100年』 (社団法人日本鉄鋼連盟, 1973), 99, 100쪽.

(주) 1912-42년의 이출량을 5년 단위로 정리했다. 강철 합계는 건축 분야와 관련한 품목을 합한 것이다. 형강(形鋼) 수치는 원 자료에도 없다. 공란은 이출이 없음을 가리킨다.

형강(形鋼), 가옥·교량·선박·도크(dock) 등을 모두 종합하고, 개별 품목의 무역 통계를 통해 단기간의 움직임을 파악함으로써 일본 국내와 지배지에서의 건축 용재 동향을 유추하고자 한다.

조선으로 보내는 강철의 급증

표 10을 보면, 일본에서 대만과 조선으로 보낸 강재의 양이 1920년대에 급증한다. 1910년대까지는 대만과 조선의 이입량이 비슷했으나 1920년대 말에는 조선으로 보낸 강재가 대

만으로 보낸 양의 배에 이른다. 1930년대 말에는 조선으로 들어온 강재량이 대만 이입량의 네 배로 늘어난다. 대만에 비해 조선에서 강재 수요가 폭발적으로 증가했음을 보여준다. 이 가운데 건축 용재와 관련한 품목은 봉강과 레일이다. 봉강은 철근에 사용되는 것으로 1920년대부터 철근 수요가 비약적으로 증가했다고 말할 수 있을 것이다. 앞서 포틀랜드 시멘트 1926년 통계에서 조선 내 포틀랜드 시멘트 수요의 47.5퍼센트가 일본에서 수입되었음을 지적했는데, 봉강 이입량이 증가한 시기와 비슷하다는 점에 미루어 볼 때 이즈음 조선에 철근 콘크리트 구조 건축이 보급되었음을 알 수 있다.

한편, 철골 구조나 교량 골조에 사용되는 H형강을 포함하는 가옥·교량 건축 재료 항목을 보면, 조선에서 이 재료는 봉강이나 레일에 비해 증가율이 낮다. 그런데 조선에서 레일 이입량이 급증한 것은 냉정하게 살펴보면 이상한 현상이다. 이 시기에 조선 내 철도 공사는 이미 간선 공사까지 마치고 유지·관리 단계에 접어들었다. 레일은 철도 공사가 아니라 철골 부재의 대용품으로 사용되었을 것으로 추측된다.

일본에서 지배 지역으로 이동한 강재

좀 더 구체적인 통계를 보면, 1929년 다롄항으로 들어온 강재나 제철품 수입량은 총 19만 2882톤이다. 이 중 일본에서 수입한 것이 7만 1073톤으로 전체의 약 37퍼센트이고, 9만 6324톤은 유럽에서 수입한 것이다. 특히 벨기에 앤트워프항에서 7만 9828톤의 많은 양이 다롄항으로 출하되었다. 일본에서 다롄으로 운송된 양보다 많다. 그 외 상하이, 칭다오, 톈진 각 항에서 수입된 양이 1만 6437톤이다.[12] 통계 품목 구분상 건축용 철재가 별도로 있지 않아 이 수치 그대로가 건축용 철재의 이동을 정확하게 보여준다고 말하기 어려우나 그 경향은 대강 그려볼 수 있을 것이다.

마찬가지로 1929년 대만의 통계를 보면 다른 철재의 이동을 알 수 있다. 철제품으로 분류된 '가옥, 교량, 선박, 도크 등의 건설 재료' 품목을 보면, 국외로부터의 수입은 고작 8.4톤인 데 비해 일본에서 들어온 것은 1776톤이다. 더불어 무려 1718톤의 둥근 못이 일본에서 수입되었다.

일본에서 지배 지역으로 강재가 흘러 들어간 흐름은 각 지배지의 건축 구조와 연관이 있다. 어느 지역에서나 1930년대 후반부터 1940년에 이르러야 자체 생산한 강재를 확보할 수 있었다. 대량으로 철골을 사용한 대규모 철골 구조 건물을

12. [원주] 『昭和4年大連港貨物年報』.

대만 최초의 철근콘크리트 구조 건축인 타이베이 전화교환국(1908년 준공)

지으려면 지역 밖에서 강재를 들여와야 했고 이는 큰 제약이 되었다. 철근콘크리트 구조물도 규모가 크면 다량의 철근이 필요했고 이 역시 외부에서 조달해야 했다.

한편 조선과 중국 동북 지방에서는 전통적으로 벽돌 구조 건축의 기술이 있었고 벽돌도 많이 생산되었기 때문에 20세기의 새로운 구조인 철근콘크리트나 철골 구조를 적극적으로 도입할 필요성이 낮았다. 예를 들면, 만철이 다롄항 관리를 위해 1921년 건설한 지상 7층 건물 다롄항무(港務)사무소 가운데 제1기 공사분은 벽돌구조였다. 보통 대규모 건물에 철근콘크리트 구조를 채택한 경우 일본에서는 기둥-보(가구[架構])뿐만 아니라 바닥과 벽에도 모두 철근콘크리트 구조를 적용했는데, 조선이나 중국 동북 지방에서는 벽에 벽돌을 붙이는 '철근콘크리트 구조 벽돌막벽식(煉瓦幕壁式)'을 일반적으로 채용했다. 가령 국무원 청사 등 만주국 정부가 건설한 청사들이 그러했다. 벽에 배열할 철근이 필요 없었기에 철재 수입에 의존하던 만주국 상황에서는 더 나은 선택이었다.

대만에서는 다른 지역이나 일본보다 철근콘크리트 구조가 빨리 보급되었다. 1908년 준공한 타이베이 전화교환국을 계기로 1909년 타이베이의원 병동, 1910년 타이난의원, 지룽우편국, 지룽검역소 본관, 1911년 타이베이의학전문학교, 타이난법원 등과 같이 대만총독부가 세운 건물에 적극적으로 철근콘크리트 구조가 이용되었다.

강재는커녕 포틀랜드 시멘트조차 생산하지 않던 이 시기 대만은 철근콘크리트 건물을 짓기 위해 다른 지역에서 철근콘크리트를 들여와야만 했다. 이 같은 불리한 상황에서도 대만은 일본보다 앞서 철근콘크리트 구조가 보급되었다. 흰개미 방제를 위해서였다. 대만총독부 설립 직후 세워진 많은 목조 건물은 모두 흰개미 피해를 입었다. 그래서 도입된 것이 철근콘크리트 구조였다. 대만 내에서 재료를 조달하기 어려웠음에도 철근콘크리트 구조가 진전된 것은 흰개미 피해가 매우 심각했기 때문이다.

철재를 사용한 대표 건물은 1938년 준공한 만주중앙은행 본점이다. 이 건물은 철골 철근콘크리트 구조로, 철골 기둥과 보 둘레에 철근을 배치하고 콘크리트를 타설해 철골의 내화 피복을 겸하면서 보강한 것이다. 이 건물에 사용된 강재의 양은 철골 2440톤, 철근 2650톤, 합계 5090톤이었다. 당시 만주에서 연간 철재 사용량이 9천 톤이라고 하니, 그 반이 넘는 양이었다.

한 건물에 사용한 철골의 양으로 당시 중국 동북 지방에서 파격적인 것이었고 만주 국내에서 확보할 길이 없었다. 그래서 만주중앙은행 건축사무소는 일본 가와자키조선소에 철골을 발주했다. 당시 일본에서 교량, 체육관, 시장, 사무실 등 대규모 건축에 드는 철골을 조선소에서 만드는 일이 많았고, 가와자키조선소는 도카이도선 오이가와 철교나 고베 중앙도매시장에서 주문을 받은 바 있었다.

만주중앙은행 건축사무소는 고베의 가와자키조선소에 담당자를 파견하여 철골 품질 검사 및 고베항에서 다롄항으로의 출하 작업을 확인하도록 했다. 담당자는 철골이 고베항에서 출하된 것을 확인하고 먼저 다롄항으로 가서 다롄항에 도착한 철골을 받아 만철의 화물차에 싣는 작업까지 지켜보고 신징으로 돌아왔다. 건축사무소는 공사가 진행 중인 구역마다 이 작업을 반복해 순서대로 철골을 고베에서 신징으로 옮겼다. 이는 일본에서 대량의 철골이 바다를 건너 지배지로 운반된 전형적인 예이다.

대만에서 생긴 문제: 철근콘크리트의 부식

지배지에 도입된 철근콘크리트 구조에는 문제가 있었다. 철근콘크리트 구조의 기본적인 개념은 인장력에 강한 철근과 압축력에 강한 콘크리트를 조합해 잡아당기는 힘과 누르는 힘을 동시에 지탱한다는 것이다. 철근이나 콘크리트가 그 역할을 하지 못하면 구조체가 성립할 수 없다. 일본보다 일찍 철근콘크리트 구조 도입이 시도된 대만에서 이것이 문제가 되었다.

식민 지배 초기의 대만에 세워진 철근콘크리트 구조 건물이 건립된 지 10년이 지나자, 기둥이나 보에 균열이 생겨 콘크리트가 떨어져 나왔다. 콘크리트 틈에 물이 스며들어 철근이 녹슬고, 녹슨 철근이 팽창해 콘크리트를 파괴했기 때문이다. 또 철근콘크리트 구조 건물의 창틀에 쓰인 철재도 부식이 심해 창을 여닫을 수 없게 되었고, 부식된 창틀 주위의 콘크리트가 크게 상했다.

대만총독부가 자체 건설한 철근콘크리트 구조 건물에 이

러한 피해가 특히 심하자 기사 구리야마 슌이치가 조사·연구에 나섰다. 그 결과를 「철근콘크리트 내의 철근의 부식과 실례」라는 제목으로 『대만건축회지』 5권 1호(1933년 1월)에 발표했다. 철근콘크리트 구조 건물에서 콘크리트 안의 철근은 녹슬지 않는다는 것이 정설이었으나, 그와 달리 대만에서는 철근이 점차 부식되었기에 구리야마는 이 가설에 의문을 품고 여러 조건을 설정해 실험을 진행했다. 그는 건조한 상태에서 콘크리트는 공기 중의 이산화탄소와 반응해 중성화가 더 빨리 진행되고, 갈라져 틈 같은 곳으로 물이 침투하면 철근이 녹슨다는 결론을 내렸다.

구리야마의 발표는 일본 국내에서도 주목받았다. 대만보다 철근콘크리트 구조 보급이 늦었던 일본은 대만에서 일어나는 문제가 앞으로 일본에서 일어날 수 있다고 보았다. 1936년 8월 당시 철근콘크리트 구조의 권위자였던 도쿄제국대학 교수 하마다 미노루와 니혼대학 교수 오노 가오루 두 사람이 대만을 방문해 각지의 철근콘크리트 구조 건물을 시찰하면서 피해 실태를 파악하고 원인을 연구했다.

그들은 철근의 녹으로 인한 콘크리트 파괴 현상을 '철근콘크리트의 부식'이라 칭하고, 부식이 진행된 건물들에 다음과 같은 다섯 가지 공통점이 있음을 밝혀냈다. 첫째, 건물 외벽에 피해가 집중되었다. 둘째, 담이나 얇은 판 모양의 차양(庇), 가는 기둥 등 가느다란 단면 부분에 부식이 많았다. 셋째, 1921년 이전에 세워진 건물, 즉 조사 시점에서 건축된 지 15년 이상 지난 건물에 피해가 집중되었다. 넷째, 표면을 시멘트와 모래를 물로 반죽한 모르타르로 마감한 경우에 피해가 심했고, 타일로 마감한 경우엔 피해가 없었다. 다섯째, 해안과 접한 곳의 건물에 피해가 많았다.

이 다섯 가지 공통점에 해당하는 피해 건물의 경우, 콘크리트가 중성화한 것이 철근이 부식하는 원인이라고 그들은 판단했다. 한편, 펑후섬에서는 콘크리트가 알칼리성 상태, 즉 콘크리트가 중성화되지 않았는데 철근이 녹슨 사례가 발견되었는데, 이것은 콘크리트에 틈이 생겨 공기와 접촉한 철근이 녹슬었다고 보았다.

둘은 다음의 다섯 가지 대책을 제안했다. 첫째, 시멘트와 섞는 모래의 경우 너무 미세한 입자는 피할 것. 입자가 작은 모래를 사용하면 콘크리트 타설 후 건조가 일어나며 수축되는 정도가 커서 틈이 생기기 쉽기 때문이다. 둘째, 콘크리트 제조 시 물을 과도하게 붓지 말 것. 셋째, 철근을 두르는 콘크리트의 두께를 5센티미터 이상으로 할 것. 콘크리트 표면에 다소 틈이 생겨도 철근이 보일 만큼 벌어지는 것을 막을 수 있기 때문이다. 넷째, 콘크리트 표면을 타일 등으로 덮을 것. 다섯째, 콘크리트 표면에서 틈을 발견하면 바로 보수할 것. 그들은 틈이 생겨 벌어진 주변의 콘크리트를 일단 걷어내고 시멘트로 메꾼 후 모르타르를 바르는 방법을 제안했다.

여전한 문제, 활용되지 못한 논의
철근콘크리트 구조 건축물의 내구성은 지금도 거론되는 문제다. 특히 알칼리성의 콘크리트가 공기 중의 이산화탄소와 반응하여 중성화하는 문제는 구리야마와 하마다가 지적했을 때부터 지금까지 꼬리를 물고 있는 문제라 할 수 있다. 콘크리트 위를 타일 등으로 마감하라는 이들의 제안은 중성화를 막는 유효한 수단이다. 다만 콘크리트가 중성화되어도 콘크리트의 본래 압축 강도가 떨어지지 않는다는 점에는 당시 주목하지 않았다.

대만총독부는 문제가 발생한 건물을 보수하기 위해, 녹슨 철제 창틀을 떼어내고 목제 창틀을 설치했다. 그런데 오랜 기간 대만총독부 기사로 있던 이데 가오루에 따르면, 목제 창틀이 들어간 철근콘크리트 구조 건물을 접한 일본의 창틀업자들은 대만의 건축 기술 뒤처졌다고 멋대로 생각해버렸다.[13]

결국 흰개미 방제를 위해 대만이 도입한 철근콘크리트 구조는 일본보다 먼저 문제를 겪었고, 대만총독부 영선과 기

---

13. [원주] 井手薫, 「改隷四十年間の台湾の建築の変遷」, 『台湾建築會誌』 8巻 1号.

대만의 대표적인 철골 철근콘크리트 구조 건물, 타이베이공회당(1936년 준공)

사들은 그 대응책을 고안해냈다. 이 문제가 지금까지 논의된
다는 점을 상기한다면, 이 시기 대만총독부 기사들의 고민이
현실에 반영되었다고 보기는 어려울 것이다.

4장 식민지 건축을
뒷받침한 정보

일본의 식민지 건축 성립에 큰 영향을 끼친 것은 건축과 관련한 정보다. 19세기 말부터 20세기 전반에 정보는 사람과 사람이 직접 만나거나 사람이 다른 지역을 찾아 견문하는 등 사람의 이동으로 전달되었다. 또 정보가 집적된 서적이나 잡지 등의 인쇄물이 이동하며 전달되기도 했다.

여기에서는 사람·인쇄물의 이동을 모두 고찰해 건축 정보가 식민지 건축 성립에 끼친 영향을 생각해보고자 한다. 이 책에서 다루는 사람의 이동은 곧 건축가의 이동이며 그들이 이동하는 과정에서 얻은 견문과 정보는 그들의 건축 활동에 큰 영향을 미쳤다. 한편, 쉽게 여행할 수 없었던 이 당시에 책과 잡지는 귀중한 정보원이었다.

이 장에서는 지배 지역에서 활동하던 건축가들이 정보를 수집한 방법을 살펴본다. 구체적으로는 그들이 설립한 건축가 단체를 소개하고, 단체를 통한 인적 교류 및 잡지 발행이 건축 정보 전파에 어떤 역할을 했는지 생각해보고자 한다.

1
건축 단체의 설립

일본인 건축가·건축기술자가 대만, 조선, 중국 동북 지방에서 대거 활동을 시작하자 각지에서 직능단체 혹은 전문가 집단이라 할 만한 건축 관련 단체가 생겨났다.

일본 국내에서는 1886년 학술단체 조가학회(1897년에 건축학회로 개칭, 일본건축학회의 전신), 1914년 직능단체 전국건축사회(일본건축가협회의 전신)가 설립되었다. 또 1917년에는 오사카에 학자, 건축가, 건축회사 관계자가 함께 조직한 간사이건축협회(1919년에 일본건축협회로 개칭)가 설립되었다.

세 단체의 성립

건축 관계자가 한자리에 모여 간사이건축협회가 설립된 것에 자극받은 일본의 동아시아 지배지에서도 건축 단체 설립이 이어졌다. 처음 설립된 단체는 1920년 3월 다롄에 설립된 만주건축협회이다. 회장은 관동도독부 민정부의 후신인 관동청에서 토목과장으로 있던 마쓰무로 시게미쓰였고, 만철의 건축 조직에 속해 있던 건축가·건축기술자 들이 설립을 주도했다.

회칙 제1조에는 "본 회는 건축계의 견실한 발전을 기하는 것을 목적으로 한다"라고 되어 있으며, 제5조는 만주건축협회의 사업으로 (1) 건축에 관한 여러 가지 조사·연구, (2) 건축에 관한 중요 사항의 결의 및 실행 촉진, (3) 회지 및 그 외 간행물 발간, (4) 건축에 관한 강연회, 강습회 및 전람회 개최, (5) 만주에서의 건축 제반 소개 및 응답, (6) 기타 유익한 사항 등 여섯 가지를 제시했다.

이 중 건축에 관한 조사·연구는 두 가지로, 하나는 유럽과 미국의 건축에 관한 정보를 조사하고 그 성과를 알리는 일, 또 하나는 만주건축협회 회원이 설계·감리나 시공을 통해 얻은 경험을 소개하는 일이었다. 정보는 회지에 싣거나 강연회나 강습회, 전람회를 개최해 회원에게 전달했다. 만주건축협회는 1921년부터 월간지『만주건축협회잡지』(이후『만주건축잡지』로 개칭)를 발행했다.

만주건축협회가 설립된 지 2년이 지난 1922년 4월, 경성에서 조선총독부 건축과(구 영선과)의 기사를 중심으로 조선건축회가 설립되었다. 회장을 공석으로 하고 조선총독부 건축과장 이와이 초사부로와 1912년부터 경성에서 건축사무소를 주재하고 있던 나카무라 요시헤이가 부회장이 되었다.

"본 회는 조선 건축계의 견실한 발전을 기하는 것을 목적으로 한다"라고 명시된 정관 제1조는 만주건축협회의 회칙 제1조에 "조선"이라는 표현을 추가한 것일 뿐이다. 그리고 정관 제5조에는 조선건축회의 사업으로 (1) 건축에 관한 모든 사항의 조사·연구, (2) 건축에 관한 중요 사항의 결의 및 실행 촉진, (3) 회지 및 그 외 간행물 발간, (4) 건축에 관한 강연회, 강습회 개최, (5) 조선에서의 건축에 관한 소개 및 응답, (6) 그

외 협회의 목적을 달성하는 데 필요한 사항 등 여섯 가지가 제시되었다. 이 역시 만주건축협회 회칙 제5조에서 사업 대상 지역을 만주에서 조선으로 바꾼 것이었다. 내용은 똑같았다. 그뿐 아니라 문장 표현에서도 제1항 제4항의 경우 독점 유무를 빼고는 거의 같고 제5항도 '만주'와 '조선'의 차이가 있을 뿐이다.

조선건축회 설립에 관여한 조선식산은행 영선과장 나카무라 마코토는 1937년 5월 31일에 조선건축회 주최로 열린 '창립 회고 좌담회'에서 당시를 돌아보면서, 조선건축회가 학술단체 성격을 띠면서 계몽적인 역할을 하는 단체로서 설립되었으며, 건축학회·간사이건축협회·만주건축협회의 영향이 있었다고 언급했다. 그리고 조선건축회는 이 회칙에 토대하여 월간지 『조선과 건축』을 발행했다.

이러한 흐름에 발맞추어 대만에서도 1926년 5월부터 건축 단체 설립 준비에 착수했다. 1929년 1월 대만건축회가 설립되었다. 회장에는 대만총독부 관방 회계과 영선계장 이데 가오루가 취임했다. 대만총독부 관방 회계과 영선계는 대만총독부 영선과의 후신 조직이다. 회칙 제1조에는 "본 회는 건축에 관한 일반 연구, 지식의 교환, 회원 상호 친목 및 건축계의 견실한 발전을 기하는 것을 목적으로 한다"라고 되어 있다. 뒷부분은 만주건축협회 회칙 제1조와 같고, 앞부분에 구체적인 목적으로 연구, 지식의 교환, 회원 상호 친목이라는 세 가지를 추가한 것이다. 회칙 제19조에는 대만건축회의 사업으로 (1) 건축에 관한 여러 가지 조사·연구, (2) 조사·연구의 발표, (3) 건축에 관한 중요 사항의 의결, (4) 의결 사항의 실행 촉진, (5) 회지 발간, (6) 건축에 관한 도서 간행, (7) 건축에 관한 강연회 개최, (8) 건축에 관한 전람회 공개, (9) 건축 시찰, (10) 이상적 건축의 설계, (11) 기타 건축에 관한 유익한 사항 등 열한 가지가 제시되었다.

이 중 대부분이 만주건축협회나 조선건축회 회칙에 제시된 사업 항목을 좀 더 구체적으로 나눈 것이며, 새로 첨가한 항목은 제2항 조사·연구의 발표, 제9항 건축 시찰, 제10항 이상적 건축의 설계 등 세 개였다.

이 세 항목이 추가된 배경으로는, 대만 특유의 문제인 흰개미 방제와 철근콘크리트 구조 건물의 심각한 열화 문제를 조사·연구해 보고할 필요가 있었던 점, 이로 인해 관민이 함께 대만 기후와 풍토에 맞는 건축을 생산해야 했던 점을 들 수 있다. 대만건축회는 1929년 3월부터 격월간 잡지 『대만건축회지』를 발행했다.

간사이건축협회를 모델로

이들 단체의 설립 경위나 목적, 사업 내용, 회원 구성을 보면, 만주건축협회가 간사이건축협회(일본건축협회)를 모델로 설립되었고, 다시 만주건축협회를 모델로 조선건축회, 대만건축회가 설립되었다고 말할 수 있다. 세 단체의 회칙 또는 정관이 간사이건축협회의 회칙상 단체의 설립 목적, 사업 내용과 대단히 비슷하다는 점은 이를 단적으로 보여주는 대목이다.

간사이건축협회의 회칙 제1조에는 "본 회의 목적은 우리 국가 건축계의 견실한 발전을 기하는 데 있다"라고 되어 있으나, 여기에서 '우리 국가'를 제외하면 만주건축협회의 목적과 같고 그 자리에 '조선'을 넣으면 조선건축회의 정관과 같다. 사업 내용을 명시한 회칙 제19조에는 (1) 건축에 관한 여러 사항의 조사·연구, (2) 조사·연구의 발표, (3) 건축에 관한 중요 사항의 의결, (4) 의결 사항의 실행 촉진, (5) 회지 발간, (6) 건축 도서 간행, (7) 건축 관련 강연회 개최, (8) 건축 관련 전람회 개최, (9) 건축 시찰, (10) 건축에 관해 뜻이 있거나 관심이 있는 이들의 친목회, (11) 이상적 건축의 계획, (12) 기타 건축에 관한 유익한 사항 등 열두 가지 항목이 제시되었다. 이것은 제10항을 제외하고 대만건축회의 회칙에 제시된 사업 목적과 동일하다.

이같이 만주건축협회, 조선건축회, 대만건축회 모두 간사이건축협회의 영향을 크게 받았다. 간사이건축협회가 설립된 배경과 이들 세 단체의 공통점을 살펴보면 그 이유를 엿볼 수 있다. 도쿄에 설립된 조가학회나 일본건축사회는 각기 구성원과 설립 취지가 명쾌했다. 조가학회는 '학회'라는 이름에서 보듯 건축학이라는 학문을 중심으로 한 단체이며, 일본건축사회는 건축사법(建築士法) 제정을 목표로 모인 직능단체였다.

그에 비해 오사카에 설립된 간사이건축협회는 학회를 구성하기엔 학자의 수가 적었고 건축사법 제정에 협력하기에는 민간 건축사무소를 운영하는 건축가도 많지 않았다. 오사카를 중심으로 한 간사이 지방에 기반을 둔 건설회사의 영향력도 무시할 수 없었기에, 학자, 건축가, 건설회사 관계자가 모인 모임이 되었다.[1] 지역 건축계의 상황이나 인간관계 면에서 간사이 지방과 중국 동북 지방, 조선, 대만이 유사했기 때문에 간사이건축협회를 모델로 한 단체가 각 지역에 설립되었다.

간사이건축협회와 다른 세 개 단체의 관계를 보여주는 사건이 하나 있다. 1933년과 1935년에 열린 연합건축대회에서 네 단체의 관계자가 한자리에 모여 건축에 관한 여러 문제를 논하고 건물을 시찰했다. 이와 관련해서는 다음에 자세히 설명한다.

불안정한 지역에서 더욱 결속하다

각 단체의 회원 수는 만주건축협회 877명(1921년 6월), 조선건축회 662명(1924년 7월), 대만건축학회 470명(설립 직후 1929년 2월)이었다. 식민지가 아니라 중국 동북 지방(관동주와 만철 부속지)에서 활동하는 회원이 많았다는 사실은 다음의 두 가지 관점에서 볼 수 있다. 하나는 상대적으로 중국 동북 지방에서 일본인 건축 활동이 컸다는 점이고, 다른 하나는 이 지역에서 일본인 건축가·건축기술자, 도급업자가 단결하는 조직이 필요했다는 뜻이다. 조차지나 철도 부속지라는 지배 방식이 식민지에 비교해 불안정했으며 끊임없이 중국의 기관이나 지방 정부와 접촉이 필요한 곳이었기에 대만이

---

1. [원주] 石田潤一郎, 『關西の近代建築』, 中央公論美術出版, 1996.

나 조선에서 활동하던 이들보다 결속의 필요성을 느꼈을 것이다.

　　지배 방식과 건축 단체의 관계가 나타난 사례로는, 중일전쟁 후 일본군이 점령한 베이징에서 1940년 3월 10일 "건축에 관한 학술·기예의 진보를 꾀하고 건축계의 견실한 발전과 사회의 향상에 기여하고 아울러 건축 관계자의 친목을 꾀한다"라는 목적으로 발족한 화북건축협회가 있다. 회장은 이케다 죠지(1907년 도쿄제국대학 건축학과 졸업)였다. 일본군이 점령한 지 3년이 채 되지 않은 시점에 건축 단체가 설립된 것은 만철건축협회와 마찬가지로 지배가 불안정한 지역에서 건축 관계자의 결속을 강화할 필요가 작용했다고 말할 수 있다.

2
건축 단체 간 교류

합동대회 개최

일본건축협회(간사이건축협회의 후신), 만주건축협회, 조선
건축회, 대만건축회는 1933년과 1935년에 연합건축대회라는
네 개 단체 합동대회를 개최했다.

최초의 대회는 만주건축협회가 주최하여 1933년 8월
14일 다롄에서 열렸다. 주최 측인 만주건축협회 회장 오카 다
이로를 비롯하여 관동장관, 만주국 국무원 총리, 다롄시장 등
이 참석했고 각 단체의 대표가 강연을 진행했다. 만주건축협
회는 당시 남만주공업전문학교 교수이자 『만주건축협회잡지』
편집을 담당했던 무라다 지로가 '만주 건축 대관'이라는 제목
으로 강연했고, 조선건축회에서는 부회장이자 조선식산은행
기사 나카무라 마코토가 '신흥 만주국과 건축'을, 일본건축협

1933년에 열린 제1회 연합건축대회 기념사진

198

회는 감사 마쓰무로 시게미쓰가 '국토의 창조와 건축'을, 대만건축회는 상의원(常議員) 시라쿠라 요시오가 '소감'을 발표했다. 일본건축협회 회장 가타오카 야스시는 '연합대회의 의의'를 밝혔다.

이 자리에서 전 관동도독부 민정부 토목과장을 지낸 마쓰무로 시게미쓰를 대회의장으로 선출하고, "일본건축협회, 만주건축협회, 조선건축회, 대만건축회는 상호 연합·제휴하고 일본 및 만주국 건축계의 견실한 발전을 기한다"라는 선언을 채택했으며, '네 개 단체의 연합회의 규약 제정의 건', '만주국의 건축 법규 통제에 관하여 만주국에 건의하는 건', '만주 고건축(古建築) 조사기관 설치에 관해 만주국에 건의하는 건'을 결의했다.

한편, 무라다의 '만주 건축 대관'은 자신의 조사·연구에 기반한 중국 동북 지방의 건축사를 개괄하는 구체적인 내용이었으나 다른 강연들은 추상적이고 구체성이 부족했다. 또한 네 개 단체가 연합해 일본과 그 지배지 건축의 학·산·관을 통합하는 단체로서 결속한다는 발상에 입각한 선언은 실효성이 떨어졌다.

다만, 다른 세 단체의 간부 등이 행사가 열린 다롄을 방문해 중국 동북 지방을 시찰한 것은 실효성 적은 결의나 구체성이 미흡했던 강연보다 의미가 있는 것이었다. 타 건축회 참석자들은 대회가 끝난 후 각 기관지에 시찰 내용을 싣거나 보고를 겸한 강연회를 열고 다롄 등 다른 도시와 건축의 상황을 전했다.

중국 동북 지방의 건축 활동을 전하다

대만건축회 대표로 참가한 시라쿠라는 이 대회 앞뒤로 다롄, 뤼순, 안산, 펑톈, 푸순, 신징, 하얼빈, 안둥을 방문했다. 돌아오는 길에 조선을 거치면서 들른 평양과 경성에 관해 대만건축회가 주최한 시찰 강연회에서 1933년 9월 25일에 보고했고, 그 내용을 「네 개 건축 연합 대회에 임하여 만주·조선을 여행하고」라는 제목으로 『대만건축회지』 5권 5호와 6호, 7권 1호에 연재했다. 그는 이 글에 만철 다롄의원 본관, 다롄 시가지 모습, 벽산장(碧山莊), 만주의과대학 본관, 만주국 정부 청사, 하얼빈 일본 소학교, 하얼빈 시가, 푸순 시가, 조선총독부 청사, 경성 시가에 대한 감상을 담았다.

그는 만철 다롄의원 본관의 규모와 설비에 감명을 받았다면서, 특히 병실마다 비치된 공기정화 장치는 대만의 병원에서도 배울 만하다고 평한다. 또 다롄항에서 일하는 중국인 노동자를 수용하는 벽산장을 보고는 단층 벽돌 구조의 긴 집들이 나란히 세워진 광경에 경탄한다. 남만의학당 본관으로 지어진 2층 벽돌 구조 건물을 증축해 3층이 된 펑톈의 만주의과대학 본관에 대해서는 "묘하다"라는 평을 남겼다. 철근콘크리트 구조가 보급되고 있던 대만에서 활동하는 시라쿠라에게 벽돌 구조 건축물의 증축은 기이하게 보였을 것이다.

시라쿠라와 함께 대회에 참석한 대만토지건물회사 기사 후루카와 초이치는 만주국 정부가 추진하던 수도 신징 건설에 주목했다. 대회가 열린 1933년 8월은 만주국 수도 건설이 본격화되며 그 도시계획에 눈길이 쏠린 때였다. 그는 시라쿠라와 함께 참가한 시찰 여행에서 얻은 경험과 여행 중 입수한 『국도 대신징』이나 『국도 신징 사정』을 토대로 「만주국 국도 신징의 도시계획 개요」를 써 『대만건축회지』 5권 6호에 실었다.

조선건축회에서는 이사를 역임한 경성고등공업학교 교수 가사이 시게오와 조선총독부 기사 사이토 다다토가 각자 쓴 여행기를 1933년 10월에 발간된 『조선과 건축』 12권 10호에 게재했다.

시라쿠라가 각지의 건물을 상세히 관찰한 데 비해, 가사이는 도시 건설이 한창이던 신징의 계획을 자세히 소개했고, 사이토는 신징과 더불어 다롄의 도시 건설을 꼼꼼히 다루었다. 이 시기에 조선총독부가 조선시가지계획령을 공포하면서 가사이와 사이토가 특히 도시계획에 관심을 기울였던 것으로 생각된다. 이런 시찰에 기반해 얻은 정보가 이동하면서 중국 동북 지방의 일본인의 건축 활동 내용 또한 다른 지역으로 전달되었다.

만주국 국도건설국이 발행한 『국도 대신징』(1933년)

타이베이의 도시 개량에 주목

제2회 연합건축대회는 1935년 10월 28일 대만건축회가 주최하여 타이베이에서 개최되었다. 이 자리에서 정보의 상호 교환을 목적으로 소재지의 단체 회원이 소재지 외 단체에 가입하고자 할 경우 회지 구독료 정도의 회비만으로 가능하도록 하자는 제안이 나왔다. 다른 지역의 회지를 쉽게 구독하게 하는 방책이었으나 제안에만 그치고 의결은 이뤄지지 않았다. 이때도 마찬가지로 대회 전후로 대만 각지 시찰 여행이 기획되어 타이베이, 아리산, 타이중, 타이난, 가오슝을 돌아보고 타 지역에서 방문한 이들이 새로운 정보를 얻어가도록 했다.

조선건축회의 일원으로 참가한 스즈키 분스케는 시찰 보고서 「철근콘크리트의 재인식」을 『조선과 건축』 14권 12호(1935년 12월)에 게재하고, 조선에서는 아직 나타나지 않았던 철근콘크리트 구조 건물의 콘크리트 균열 및 철근 부식 문제를 다루면서 철근콘크리트 구조에 대한 인식을 새롭게 했다.

스즈키와 함께 참가한 고쿠라 다쓰조는 대만철도의 역사(驛舍)를, 하야카와 조헤이는 타이베이의 성벽을 철거하고 만든 삼선철로와 대만 특유의 정자각(亭仔脚)에 관심을 기울였다. 고쿠라는 타이베이역을 비롯한 대만의 주요 역사 홀이 높은 것이 더운 기후에 알맞으며 외관의 당당함에 기여한다고 설명하고, 작은 역사들도 철근콘크리트로 지어졌고 외벽에 타일을 붙여 "작은 역이라고 생각할 수 없는 외관"을 띤다고 감탄했다. 그리고 조선철도의 소규모 역사와는 "상당한 차이가 있다"고 썼다.[2] '영구 건축'으로 불린 철근콘크리트 구조 건물이 널리 보급된 풍경에서 대만의 선진성을 느꼈으리라 짐작된다.

하야카와 조헤이는 타이베이의 성벽 철거를 참고 삼아 경성의 성벽을 허물고 도로를 만드는 일과 정자각의 효용에 대해 논했다.[3] 경성보다 빨리 도시 개조에 돌입한 타이베이 중심가는 그에게 선진적인 시가지로 비추어졌다.

간단히 말해, 사람을 통한 정보의 이동은 각 개인의 흥미, 관심이나 자질에 달려 있었으나 소재지에 없는 건물 등에 관심을 보이는 것도 당연했다. 만주국 정부의 수도 건설이나 대만의 정자각 사례가 대표적이다.

각 대회를 주최한 만주건축협회와 대만건축회는 견학회를 실시해 다른 지역에서 온 이들에게 자신들이 관여한 건축물이나 시가지를 보여줌으로써 자기 지역의 앞선 면모나 회원들의 높은 능력을 보여주기도 했다. 그 효과는 충분히 있었다.

2. [원주] 小倉辰造,「臺灣を語る」,『朝鮮と建築』14卷 12号, 1935.
3. [원주] 早川丈平「臺灣を見た感じ(上)」『朝鮮と建築』14卷 12号, 1935.

3
건축 잡지의 발행

일본건축협회, 만주건축협회, 조선건축회, 대만건축회는 각기 월간지 또는 격월간지를 발행했다. 대체로 잡지 권두나 권말에 새로 지은 건물을 소개하고, 본문에는 건축 설계, 역사·의장, 구조·재료, 시공 등에 관한 조사·연구 내용과 새로운 제안 및 제언이 실렸다. 권말에 각 단체의 활동 정보와 일본을 포함한 이웃 지역 건축에 관한 정보, 경우에 따라서는 건축 자재의 표준 가격표를 게재하기도 했다.

세계의 정보를 폭넓게 다룬
『만주건축협회잡지』

『만주건축협회잡지』 1권 1호(1921년 3월) 권두에는 다롄시청과 조선은행 다롄지점 사진이 실렸다. 두 건물 모두 다롄의 중심인 대광장에 접해 있다. 다롄시청은 만주건축협회의 회장 마쓰무로 시게미쓰가 설계했고, 조선은행 다롄지점은 나카무라 요시헤이가 주재하는 나카무라 건축사무소가 설계·시공했으며 당시 다롄에서 화제를 일으킨 신축 건물이었다.

그리고 창간호는 「일본 현행의 척도에 대해」, 「노동자 주택 설계 표준 사항 (1)(미국 노동성 소정[所定] 1918년 3월)」, 「방갈로 설계 (1)」, 「건축의 예술적 의의」, 「영국 전원도시 (1)」,

「철근콘크리트 장방형 보에 적용할 만한 속진계산법(速進計算法)」, 「철근콘크리트에 대해」 등 학술적인 조사·연구 글이 일곱 편 실렸다. '논총'란에는 무나카타 슈이치가 「만주와 주택 개량」, 오노 다케오가 「만주와 분리파(secession)」이라는 제목의 기사를 썼다.

「노동자 주택 설계 표준 사항 (1)」은 미국 노동성이 1918년 3월에 제정한 노동자주택 설계의 표준 사항에 관해 다루었고, 「방갈로 설계 (1)」는 당시 미국에서 유행하던 교외주택을 소개했다. 「영국 전원도시 (1)」은 영국에서 에버니저 하워드가 제안한 전원도시의 개념과 실현 방법을 설명했다. 「만주와 주택 개량」은 당시 일본 국내에서 일었던 주택 개량 움직임을 비평하면서 중국 동북 지방에서 주택의 존재 방식을 논했다. 이같이 『만주건축협회잡지』 창간호가 주택 관련 주제에 집중한 것은 이 시기 다롄의 심각한 주택난 때문이었다. 그리고 『만주건축협회잡지』는 참고 사례로서 개인이 얻기 힘든 외국의 정보를 소개하고 회원 스스로가 제안한다는 점에서 계몽적이기도 했다. 또한 사진이나 도면을 곁들인 신축 건물 소개는 회원들에게 귀중한 정보였다. '외국 건축 화보' 면에서는 유럽의 새로운 건축 정보를 사진과 함께 실었다.

일본의 건축 정보를 다루는 방법은 조금 달랐다. 『만주건축협회잡지』는 일본의 정보는 적극적으로 다루지 않았다. 잡지 말미에 '시보'(時報)라고 하여 중국 동북 지방과 관계된 정보를 우선 쓰고 그 뒤에 일본의 정보를 소개했다. 만주건축협회의 규정 제5조 '만주에서의 건축 제반 소개 및 응답'을 실행

한 것이다.

이와 달리 『조선과 건축』에서는 「건축잡보(내지)」와 「조선 최근 건축계」라는 제목의 기사를 게재했는데 전자를 먼저 실었다. 『대만건축회지』도 「최근 내지 건축계」라 하여 일본의 신축 정보를 적극적으로 소개했다. 정보원은 일본에서 발행되던 『건축잡지』(1886년 창간), 『건축세계』(1907년 창간), 『건축과 사회』(1917년 창간), 『신건축』(1925년 창간), 『일본건축사』(1927년 창간) 등이었다. 한정된 정보원이었지만 일본 및 세계 건축계의 흐름, 당시 주목받는 신축 건물, 시가지건축물법 등 법령, 도시계획의 진전 같은 내용을 널리 알리려 노력했다.

일본을 비롯한 다양한 지역의 정보를 소개한 『조선과 건축』

『조선과 건축』 3권 7호의 「건축잡보(내지)」에는 「오사카시 학교설비의 표준」이라는 제목으로 당시 오사카시가 추진하고 있던 시내 각 소학교(보통학교) 교사(校舍)를 교체하는 계획 표준안을 게재했다. 당시 조선총독부 각 지방청의 소학교 교사 건설 추진을 반영한 것으로, 조선건축회 회원에게 유익한 정보였다.

이 잡지는 각 지역 회원에게 귀중한 자료였다. 여기 실린 내용은 각 지역, 일본, 외국의 정보로 분류되는데, 일본 건축에 치우치지 않고 외국 사례를 취급한 것은 중요한 지점이다. 외국 건축 정보라 함은 유럽 건축물에 더해 상하이 등 유럽이 지배하는 중국 도시에서 유럽인 건축가가 관여한 건축물에 관한 것이었다. 예를 들면, 『조선과 건축』 4권 11호부터는 「신간 도서·잡지 소개」 코너를 마련했는데, 이 호에서 도키와 다이조·세키노 다다시 『지나불교 사적』이 소개되었다. 1925년 7월 호에는 『예술과 장식』, 8월 호에는 『건축 월간지 바스무스』, 『건축과 사회』, 『건축신조』, 『주택』, 『건축세계』, 『건축잡지』, 같은 해 9월 호에는 『서구 건축』, 『미국 건축』이 소개되었다.

또한 『조선과 건축』 5권 6호 권두 화보에는 영국 건물과 조선 건물의 사진 및 도면이, 본문에는 이 시기 유럽을 시찰한 조선총독부 기사 사사 게이이치의 유럽 및 미국 시찰 보고 두 건이 게재되었다. 중국 도시를 돌아본 경성부 기사 고마다 도쿠사부로의 여행기와 조선 건축 소개 기사, 방화 설비나 시멘트의 규격 등도 실렸다. 내용상 지역이나 분야의 편중이 느껴지지 않도록 한 것이다.

이처럼 『조선과 건축』은 세계의 잡지 정보를 빠짐없이 전달하려고 노력했다.

『조선과 건축』 5권 6호 목차

일본을 거치지 않는 건축 정보의 이동

일본 국내 건축 잡지 중 간사이건축협회(일본건축학회)가 발행한『간사이건축협회잡지』(1919년부터『일본건축협회잡지』, 1920년부터『건축과 사회』로 제목을 바꾸었다)는 대만, 조선, 중국 동북 지방의 건물을 소개했다. 이 잡지가 창간된 시기는 일본에서 도시계획법과 시가지건축물법이 논의되고 있었고, 도시계획에 관심이 컸다. 그래서『간사이건축협회잡지』1권 5호에는 만철에 의한 철도 부속지나 다롄, 뤼순의 도시계획을 소개한「남만철도 부근의 도시계획」이 게재되었으며, 1권 7호에는 시가지 재개발의 실례로서 타이베이시의 시구개정사업에 관한 화보를 권두에 게재하고 크게 다루었다.

그러나 건축학회(일본건축학회의 전신)가 발행한『건축잡지』에 대만, 조선, 중국 동북 지방 건물 관련 기사가 실린 것은 러일전쟁 직후 다롄민정서나 만철 다롄 오미초 사택 정도이고, 1910년대가 되면 관련 기사가 거의 실리지 않았다. 나중에도 조선총독부 청사, 다롄역, 만주중앙은행 본점을 비롯한 신징의 건축물 등 매우 일부만이 소개되었다.

이처럼 일본과 지배 지역 간 정보의 흐름은 기본적으로 일본에서 각 지배지로의 일방통행이었다. 일본 국내 건축가와 학자 들은 건축사 연구 등 일부 분야를 제외하면 지배지의 건축 정보를 얻기 위해 발품을 팔아야 했다.

반면, 지배 지역에서 활동하던 건축가들은 일본의 건축 정보를 적극적으로 다루었으며, 다른 지배지 및 외국의 건축 정보를 일본 국내의 건축가나 건축 잡지를 거치지 않고 직접

수집했다. 일본을 거치지 않은 건축 정보의 이동이 이루어졌다는 뜻이다. 이는 건축가·건축기술자나 도급업자의 이동과 같은 형태로 볼 수 있다. 달리 말하면, 지배 지역 간 사람과 정보가 상호 이동할 수 있는 네트워크가 있었다고 말할 수 있다.

5장 식민지 건축과 네트워크

1
식민지 건축의 특징

지배와 건축의 관계

식민지 건축이 일본이 동아시아 지배를 확대하고 심화하는 과정에서 성립했다는 것은 지금까지 이야기해온 대로다. 한편, 식민지 건축이 지배와 관계가 있다고 말할 필요가 없다는 의견도 있다. 한 견해는 그것이 너무나 당연해서 일부러 지적할 필요가 없다는 것으로, 역사, 정치사, 식민지사 전공자들이 종종 지적하는 바이다. 또 다른 견해는 건축이 건축을 둘러싼 상황과의 관계에 의해 결정되는 것은 아니라는 것으로, 건축사, 건축 의장, 건축론 전공자들이 지적하는 것이다.

우선, 첫 번째 지적은 나도 동의한다. 식민지 건축과 지배의 관계가 필연적이라는 점은 1장의 대만총독부나 조선총독부 청사 사례를 보면 누구라도 납득할 수 있을 것이다. 그러나 건물을 세우는 것, 건축을 만들어내는 행위는 권력자나 위정자의 지시 한마디로 진행되는 것이 아니다. 설계·감리, 준공의 과정에서 많은 사람의 협동으로 비로소 건축이 생겨난다. 지배하기 위해 건물을 지으려는 경우에도 권력자와 위정자의 발의만으로 건물이 세워지는 것이 아니다. 따라서 식민지 건축이 지배와 연결되어 있다는 말은 막연할 수밖에 없다.

문제는 식민지 건축이 지배와 어떻게 관계하고 있는지 또는 지배를 위해 식민지 건축을 어떻게 만들었는지에 관한 것이다. 바꿔 말해, 식민지 건축의 존재를 전제로 지배를 이야기하는 것은 위험하다. 대만총독부나 조선총독부에 의한 지배를 말할 때 총독부 청사가 거기에 있었음을 전제하는 경우가 많지만, 이 책이 보여준 바와 같이 두 청사 모두 긴 세월에 걸쳐 지어졌고 그 세월이 지배자에게 의미가 있었으며 총독부 청사보다 먼저 세워진 건물들이 있었다는 점은 무시되곤 한다. 식민지 건축이 지배와 관계가 있다는 전제를 결과로서 말하는 것은 위험하다. 식민지 건축이 지배에 왜 필요했는지 구체적으로 논하고, 구체적으로 식민지 건축의 내용과 지배가 어떤 연관이 있었는지, 식민지 건축을 어떻게 만들었는지 등의 문제를 말할 때 비로소 둘의 관계가 명확해지는 것이다.

두 번째 지적은 건축의 본질을 간과하고 있다. 건축이 가능하려면 건축주가 설계자에게 발주를 하고 설계와 준공을 거쳐야 한다. 건축을 둘러싼 상황에 관계없이 건축이 성립할 수는 없다. 이 점을 무시하고 건축의 특징을 파악하는 것은 의미가 없다. 이를 염두에 두고 식민지 건축의 특징을 파악해보고자 한다.

자국의 양식을 식민지에 가지고 온
유럽 열강

우선 지배 과정에서 어떠한 양식·의장의 건축물을 세울지가
문제다. 유럽 열강은 식민지에 본국의 건축 양식·의장을 띤
건물을 세웠다. 예를 들어, 스페인의 지배지였던 라틴아메리
카에는 16-17세기에 걸쳐 스페인의 르네상스 건축이나 바로
크 건축이 유입되었다. 지배자가 자국의 건축 양식·의장을 사
용한 건물을 세운다는 발상에 따른 것이었다. 그것은 특히 지
배의 중핵에 해당하는 건물에서 두드러지게 나타났다.

　　동아시아에서도 마찬가지여서, 영국의 중국 지배 거점이
었던 상하이의 조계지에 세워진 영국 성공회 성당(1869년 준
공)은 19세기 후반 영국에서 유행하던 고딕 복고 양식이 사용
되었다. 그밖에 홍콩상하이은행 상하이 본점(1925년 준공)에
는 20세기 전반에 영국에서 유행한 에드워드식 바로크라는
양식이 사용되었다.

상하이의 구 영국성공회 삼일교회성당(1869년 준공)

서양의 양식을 본뜬 일본

유럽 제국 열강의 사례에 비추어볼 때, 일본의 식민지나 지배지에 일본의 전통 건축양식·의장을 띤 건축이 다수 설립되었을 것이라고 쉽게 상상할 수 있다. 이세신궁으로 대표되는 신메이즈쿠리(神明造)[1] 등 신사의 양식, 호류지나 도다이지로 대표되는 불교 건축 양식 혹은 성곽 건축이나 쇼인즈쿠리(書院造)[2], 스키야즈쿠리(数奇屋)[3] 등의 양식을 따른 건축물이 일본의 식민지나 지배지에 세워졌으리라는 가설이다.

그런데 이 가설은 대개 잘못되었다. 19세기 말 일본의 최초 식민지 대만에서 대만총독부는 '대만 건축'이라 할 수 있는 기존 건물을 사용했고, 필요에 따라 신축한 학교, 병원, 역사 등 공공건물에 일본 전통 양식을 적용하지 않았다. 이 경향은 1910년대부터 1930년 중반까지 계속되었다. 타이베이역(1910년 준공), 대만총독부 박물관(1915년 준공), 대만총독부 청사(1919년 준공), 대만총독부 전매국(1913년 준공, 3장 참조), 타이베이 공회당(1932년 준공) 등 대만총독부의 핵심 건물은 모두 퀸 앤 양식의 하나인 다쓰노식이거나 서양 건축의 고전 양식 혹은 튜더 고딕이나 로마네스크 양식이었다.

상징적인 건물 사례로 청일전쟁 이후 전몰자 제사를 위

---

1. 역사가 오래된 신사 건축 양식이다. 안길이보다 폭이 넓고 지상보다 높은 창고에서 발전했다. 신보(神宝)를 소장했다.
2. 일본의 무로마치(室町) 시대부터 근세 초기에 걸쳐 서원을 건물 중심에 놓은 무가(武家) 주택 형식이다.
3. 일본 특유의 다실풍 양식이다. '스키야'는 다실을 뜻한다.

해 건립한 겐코신사(1928년 준공)가 있다. 정면에 보이는 건물은 벽돌 구조로 2층에 아치창이 세 개 연속으로 설치된 서양풍이고, 본전은 건물 안에 완전히 덮인 채 자리 잡고 있어 밖에서 볼 수 없다. 신사로 가는 길 입구에는 도리이(鳥居)[4] 대신 패루(牌樓)[5]를 세웠다.

일본이 20세기에 지배하기 시작한 중국 동북 지방이나 조선에서도 같은 현상이 나타났다. 지배 초창기에 관동도독부가 신축한 다롄소방서(1907년 준공)나 다롄민정서(1908년 준공), 다롄세관 청사(1914년 준공), 또 만철이 건설한 펑톈역(1910년 준공), 다롄 야마토 호텔(1914년 준공) 등의 건물은

4. 일본에서 신성한 곳이 시작됨을 알리는 관문.
5. 중국에서 기념비 건축에 세우는 문짝 없는 기둥 문. 패방(牌坊)이라고도 한다.

위_ 겐코신사(1928년 준공)
아래_ 다롄세관 청사(1914년 준공)

붉은 기와를 쓴 퀸 앤 양식이나 다쓰노식, 혹은 르네상스 양식, 아르누보 양식같이 모두 일본의 전통 양식을 사용하지 않았다.

통감부 시대 한국 정부의 탁지부 건축소가 있던 대한의원 본관(1908년 준공)이나 공업전습소 본관(1908년 준공)은 르네상스 양식이고, 조선총독부 청사(1926년 준공)는 바로크 양식이며, 경성역(1925년 준공)에도 일본의 전통 건축 양식은 적용되지 않았다.

대만신사나 조선신궁으로 대표되는 각지의 신사, 일본의 무도 보급을 목적으로 건립한 무덕전(武德殿),[6] 일본인의 주

6. 헤이안시대에 헤이안궁성에 있던 전각의 하나이다. 1895년 설립된 일본무덕회의 본부 도장(道場)도 무덕전이라고 불렸다.

한국 탁지부 건축소가 설계한 구 공업전습소 본관(1908년 준공)

택에는 일본 전통 건축 양식·의장이 채택되기도 했다. 그런데 이것들은 일본에서도 전통 양식·의장을 사용했던 건물들이다. 건축 양식과 지배 사이에 직접적인 관계는 존재하지 않았다는 뜻이다.

유럽 열강과 어깨를 나란히 하기 위해

이 같은 경향은 대만과 마찬가지로 중국 동북 지방과 조선에서도 1930년대 후반까지 계속되었다. 이에 대한 해석이나 평가를 하기는 어렵지만 다음의 세 가지 사항을 지적할 수 있을 것이다.

첫째, 일본 국내에서 메이지유신 이후 겪은 현상이 응축되어 나타났다고 볼 수 있다. 대만총독부나 조선총독부가 기존 건물을 임시변통으로 사용하면서 청사를 이른바 본격적인 건축(本建築)으로 세운 것, 청사만이 아니라 학교나 병원, 역사 등 공공시설을 서양 건축으로 세운 것은 메이지시대 일본에서 건축가·건축기술자 들이 경험한 일이었다. 일본 국내에서의 흐름을 식민지, 지배지에서 일본인 건축가·건축기술자 들이 밟았음을 짐작할 수 있다.

둘째, 건축가 양성과 건축 교육에 관한 것이다. 메이지 정부가 설립한 고부대학교 조가학과는 일본 건축 교육의 효시였는데, 체계적으로 이뤄진 고등 건축 교육의 중심은 서양 건축이었고 일본 건축을 가르치는 경우는 매우 적었다. 이런 교육을 받고 성장한 일본인 건축가·건축기술자가 서양 건축을 규범으로 한 설계를 하는 것은 당연한 일이었다.

셋째, 지배지에서 서양 건축을 규범으로 한 서양풍 건축이 요구되었다. 대만총독부나 조선총독부, 관동도독부나 만철이 세운 건물을 보면 지배 기관이 일본 건축을 규범으로 삼는 건축을 피했다고 생각할 수 있다.

당시 일본의 동아시아 지배는 서구 여러 국가의 협조와 인정으로 이루어진바, 일본의 지배 능력이 시험대에 오르게 되었다. 따라서 홍콩, 상하이, 텐진 등 서구 국가가 지배하는 동아시아 지역에 건립된 건물과 어깨를 나란히 하면서 자신의 지배력을 보여주기 위해서는 서양 건축 규범을 따르는 건물로 지배에 필요한 시설을 정비하는 것이 유효했다. 유럽 국가의 지배지에 세워진 건물과 비교할 방법이 없거나 유럽 사람들이 이해할 수 없는 일본 건축 양식·의장을 띤 건물은 신사나 무덕전이라는 특수한 용도에 국한되었다.

전환점이 된 만주국 정부 제2청사

이러한 경향이 크게 변하는 것은 1930년대 후반이었다. 대만이나 조선, 중국 동북 지방의 어느 곳이든 대만 건축, 조선 건축, 중국 건축에서 사용되는 지붕 양식을 닮은 지붕을 얹은 청사나 역사가 준공된다. 가령, 대만의 호코청(1934년 준공)이나 가오슝시 청사(1940년 준공) 지붕은 지붕 꼭대기에 구슬을 얹은 방형이었고, 가오슝역(1941년 준공)에서는 중국 건축에서 볼 수 있는 유약을 바른 기와(琉璃瓦)를 사용한 방형 지

붕과 일본 성곽 건축에서 볼 수 있는 삿갓표(^) 모양의 처마
장식이 사용되었다. 1935년 조선총독부 시정 25주년 기념박
물관(미술관과 과학관) 설계경기에서는 조선 건축의 의장을
띤 야노 가나메의 안이 1등으로 당선되었다. 만철에 의한 지
린철로국(1939년 준공)이나 만주국 국유 철도 역사에서는 중
국 건축의 지붕이 올려졌다.

전환점은 건물 준공 시기를 기준으로 볼 때 1933년에 준
공한 만주국 정부 제2청사이다. 1장에서 소개했듯이 이 청사
에는 중앙 탑과 그 주위를 둘러싼 작은 탑이 있고 중국 건축
양식·의장을 띤 방형지붕이 올려졌고, 같은 의장의 패러핏
(난간벽) 상단 처마를 암막새와 수막새로 장식했다. 제2청사
를 계기로 제3청사를 비롯해 국무원 청사, 군정부 청사, 합동
법아(合同法衙)의 지붕은 중국 양식을 모방했다. 1934년 신징

구 가오슝시 청사(1940년 준공)

중심가에 건설된 관동군 사령부 청사에는 일본의 성곽 건축 양식을 모방한 지붕이 올려졌다.

만주사변에 의한 변화

이 같은 양식의 지붕을 가진 건물이 출현했다는 것은 대만총독부 청사나 조선총독부 청사에서 볼 수 있는 서양 건축 규범을 따르는 건물을 세울 필요가 없어졌음을 의미한다. 이는 만주사변 이후에 유럽과 일본 사이에 생긴 동아시아 지배 구조의 변화와 관련이 있다. 만주사변 이전에 일본의 동아시아 지배는 유럽과의 협조와 인정을 통한 것이었고, 유럽의 지배틀에 편성되어 있었다. 따라서 그 지배 능력이 문제시되었고 이를 입증하기 위해 서양 건축 규범의 건물을 지을 필요가 있었다. 그러나 만주사변이 발발하면서 유럽의 동아시아 지배틀에서 벗어난 일본은 타국에 능력을 인정받을 필요가 없어지게 되었고, 동아시아에서 유럽의 건축과 비견될 건축을 할 이유도 없어졌다. 바꿔 말하면, 만주사변 이후 동아시아 질서 구축에 일본이 스스로 중심이 되었고 더 이상 일본의 지배기관은 유럽의 건물과 어깨를 나란히 하는 건물을 세우지 않아도 되었다. 그 결과, 상대적으로 동아시아의 전통 건축 양식·의장이 중시되기에 이르렀다. 중국풍 지붕뿐 아니라 '궐'이라는 중국 전통 건축 양식을 사용해 베이징 고궁의 양식을 닮은 지붕을 얹은(궁전식) 만주국 국무원 청사가 상징적인 사례다.

중국 건축의 양식·의장을 띤 지붕을 올리는 수법은 중국 동북 지방이나 대만에서만 일어난 현상이 아니었다. 중국에 와 있던 외국인 건축가가 중국 건축의 의장을 채택한 건물을 세웠고, 1930년대에는 중국인 건축가가 중국 전통 건축에 이용된 지붕 등의 의장을 새로운 건축에 집어넣었다. 특히 중국의 궁전 건축을 모방한 건물에 팔작지붕이나 방형지붕이 올려졌다. 그 배경에는 당시 중국인 건축가에게 공통 과제로 부상한 '중국 건축의 진흥'이라는 문제가 있었다.

배울 만한 대상으로서의 중국 건축

중국에서는 좡준을 비롯하여 량쓰청이나 양팅바오 등 미국 유학을 경험한 건축가들을 중심으로 1927년 상하이건축사학회가 결성되었고, 다음해에 중국건축사학회로 이름이 바뀌었다. 그들은 건축가의 사회적 지위와 직능의 확립, 중국 건축의 진흥이라는 두 가지 목적에서 활동을 시작했다.[7]

이 중 중국 건축의 진흥이라는 함은 중국의 독자적인 건축을 창조하는 것을 의미했고 그러려면 중국 건축의 이해가 선행되어야 했다. 여기서 큰 역할을 한 사람은 미국 펜실베이니아대학에서 공부한 량쓰청이었다. 그는 중국 건축과 서양의 고전 건축이 공통되는 부분에 주목해 중국 건축을 연구했다. 이것은 이토 추타가 1893년에 발표한 「호류지 건축론」에서 보여준 방식으로, 자국의 건축을 서양 건축과 대비되는 것

---

7. 村松伸, 『上海·都市の建築』, PARCO出版局, 1991

으로 이해하고 자리매김을 시도했다. 량쓰청은 1929년부터 선양시 동북대학의 건축계 주임교수로 근무했고, 1931년에는 중국 영조학사(營造學社)라는 연구소로 옮겨 도쿄고등공업학교에 유학한 류둔전과 함께 중국 건축의 체계화를 목표로 조사를 시작했다. 그 최초의 성과는 1935년『건축 설계 참고 도집』(전 10권)으로 순차 간행되었다.

한편, 중국건축사학회는 1932년 기관지『중국 건축』을 창간하고 중국 건축의 진흥을 주창했다. 그리고 그 일환으로 상하이시 청사(1933년 준공)를 비롯해 '궁전식' 건물을 세웠다.

이 시기 만주국 정부 청사를 설계하고 있던 아이가나 이시이는 모두 중국 건축에 관한 지식을 상당히 가지고 있었다고 생각할 수 있다. 남만주공업전문학교 교원을 지낸 무라다, 이토, 오카가 진행한 중국 건축 연구 성과가 이미 발표된 때였다. 또 아이가나 이시이 덕분에 펑톈(선양)고궁을 비롯한 중국 동북 지방의 저명한 중국 건축은 친근했다. 이시이가 만주국 국무원 청사를 설계하기 전에 당시 국무원 총무처 고문이자 전 만철 본사 건축과장이었던 아오키의 가르침에 따라서 베이징의 고궁을 충분히 시찰한 것도 그가 중국 건축을 배울 만한 대상으로 생각하는 데 영향을 주었다.

이런 사정을 고려하면 건축 정보의 이동과 각 지역 전통 건축에 대한 이해도가 중요해진다. 아이가나 이시이만이 아니라 일본의 식민지, 지배지에서 활동하던 사람들은 잡지 구독이나 시찰을 통해 중국 건축가가 지은 궁전식 건물도 파악할 수 있었을 테고, 이토 추타, 세키노 다다시를 비롯해 무라다 지로, 이토 세이조, 오카 다이로, 후지시마 가이지로 등의 연구는 중국 건축이나 조선 건축의 지식을 쌓게 하는 데 일조했다. 조선총독부 시정 25주년 기념박물관(미술관 및 과학관)의 설계경기에서 야노 가나메의 안이 1등을 한 것은 다른 안에 비해 조선 건축의 의장을 정확하게 파악하고 설계안에 반영했기 때문이다. 이는 야노가 1920년부터 조선총독부 기수로서 조선에서 활동하며 조선 건축을 접할 기회가 많았던 덕분일 것이다.

건축 구조와 재료: 지배 지역 각각의 발달

대만, 조선, 중국 동북 지방에서 일본 국내와 크게 차이를 보인 것 중 하나가 건축 구조와 재료다. 우선 지배 지역에는 철근을 사용한 대규모 건축이 적었던 것을 공통점으로 지적할 수 있다.

1930년대까지 철골 구조에 필요한 강철이 거의 생산되지 않았던 점, 철골을 다량 사용하는 고층 건축 수요가 적었던 점이 주요한 이유다. 대만총독부 청사나 조선총독부 청사, 만주국 국무원 청사, 만철 철도총국사, 만철 다롄의원 본관과 같

조선총독부 시정 25주년 기념박물관 현상설계 투시도

은 대규모 건물은 모두 철근콘크리트 구조였다. 대만은행 본점이나 만주중앙은행 본점에서 볼 수 있는 철골 철근콘크리트 구조, 다롄 야마토 호텔이나 조선은행 다롄지점에서 볼 수 있는 철골 벽돌 구조, 즉 철골을 기본으로 한 건물은 매우 적었다. 도쿄의 마루노우치 빌딩 등과 같은 철골 구조의 대규모 사무소 건축은 일본의 지배 지역에서는 수요가 없어 건립이 적었다.

지배 지역에 따라 차이점은 철근콘크리트 구조의 도입 및 보급과 관련된다. 대만에서는 1908년에 준공된 타이베이 전화교환국을 계기로 대만총독부가 발주한 건물에 철근콘크리트 구조가 채용되었다. 보급 속도가 일본보다 압도적으로 빨랐다. '영구 건물'이라 불렸듯 철근콘크리트 구조가 지진이나 화재, 태풍에 강하고 흰개미 방제에도 효과가 있다고 생각되었기 때문이다. 그런데 연구를 통해 콘크리트가 갈라지고, 표면 균열 사이로 물이 들어가 철근이 녹슬거나 상하고, 콘크리트의 중성화가 진행되는 문제가 드러났다. 현재 일본에서 직면한 철근콘크리트 문제가 1920년대부터 대만에서 집중적으로 먼저 나타났던 것이다.

조선과 중국 동북 지방에서는 대만과 달리 벽돌 구조의 보급이 시도되었다. 조선의 통감부가 벽돌의 불연성과 단열성, 목재보다 높은 내구성과 저렴한 시공비에 주목해 벽돌 구조를 진전시키기로 하고 한국 정부의 탁지부 산하에 벽돌 제조소를 설치했다. 조선에서는 재래의 벽돌 구조 기술이 있어서 시공비가 기본적으로 저렴했고, 벽돌 구조를 보급하는 데 제약이 적었다. 벽돌과 맞춤새의 질적 향상을 꾀하면 벽돌 구조 건축의 질이 향상되고 이것이 보급되면 도시의 불연화까지 달성할 수 있었다.

중국 동북 지방에서는 관동도독부와 만철이 철저한 벽돌 구조 건축의 보급을 꾀했다. 도시 전체의 불연화를 목표로 한 것으로 그 결과는 서양풍 건물이 나란히 건립되는 시가지 조성이었다. 이런 까닭에 벽돌 구조를 전제로 한 건축 규칙을 실시하게 되었다. 그래서 철근콘크리트 구조의 도입이 상대적으로 늦었다. 일본이나 대만처럼 건물 전체를 철근콘크리트 구조로 건립되는 건물이 적었고, 기둥, 대들보, 마루를 철근콘크리트로 하고 벽은 벽돌로 쌓는 '철근콘크리트 구조 벽돌막벽식'이 도입된다.

이처럼 일본의 식민지·지배 지역의 건축 구조·재료의 특징을 보면 일본 국내와는 상당히 다른 변천을 밟고 있었음이 분명하다. 내화, 내진, 내풍, 내한, 흰개미 방제 등 화재나 엄중한 자연 조건에 대한 대비, 재료의 용이한 공급이나 재료 가격의 문제, 재래의 건축 기술이 있는지 없는지 등이 복잡하게 서로 얽혀 일본과는 다른 진전을 보였다.

2
식민지 건축의 보편성·선진성·세계성

19세기 말부터 1930년 중반까지 일본의 식민지 건축이 유럽 국가들이 지배하는 동아시아의 건축과 비교 대상이었음은 이미 앞에서 언급했다. 이 맥락에서 일본의 식민지 건축의 일부는 확실히 동시대 높은 수준에 이른 '세계 건축'이라 부를 만한 것이었다.

관건은 유럽에서 확립된 건축의 틀에서 일본의 식민지 건축이 어떻게 자리매김될 수 있었는지다. 다시 말해 보편적 측면이 있는지, 그리고 유럽 건축에 비해 선진적이었는지에 관한 질문이다.

'세계 건축'으로서의 보편성
여기에서는 건축 양식과 건축 구조·재료의 문제와 관련 지어 보편성을 지적하고자 한다. 먼저 일본의 식민지 건축이 기대고 있는 양식을 유럽에 확립되어 있던 서양건축사의 틀에 비추어 생각해보고자 한다.

대만총독부 청사나 조선총독부 청사, 다롄민정서, 다롄 시청사, 경성부청, 타이베이주청 등 지배와 직결된 청사의 정면은 대부분 좌우대칭이다. 여기에 중앙과 양끝이 강조된 장식이 있고 가운데에는 옥탑이 올라간다.

    마에다가 유럽의 유명한 시청사를 참고로 다롄민정서를
설계한 것처럼 좌우대칭의 정면 중앙에 옥탑을 얹는 것은 관
아 건물 외관에서는 상투적인 수법이었고, 이는 19세기 후반
부터 20세기 초에 유행한 네오바로크 양식이었다. 그 전형
이 조선총독부 청사였다. 그리고 대만총독부 청사나 조선총
독부 청사와 같이 대규모 청사에서 보듯 정면 중앙에 탑을 세
워 올리고 그 뒤편으로 철골조 유리 지붕을 얹은 홀을 설치하
고 양쪽에 중정을 배치하는 수법은, 독일의 제국의회의사당
(1894년 준공) 같은 대규모 건물에서 어렵지 않게 찾아볼 수
있다.

    대만총독부 청사나 펑톈역으로 대표되는 이러한 건물의
외관은 붉은 벽돌 외벽에 창이나 출입구, 벽기둥 등에 흰색 계
열 부재를 붙인 다쓰노식이었다. 19세기 영국에서 유행한 퀸

구 조선총독부 청사 홀

앤 양식의 연장선상에 있는 것이다. 즉, 서양 건축사의 틀에 이들 식민지 건축을 놓는다면 이 건물들은 모두 19세기부터 20세기에 걸쳐 유행하던 건축 양식의 영향을 받았다.

재료 면에서 일본의 지배 지역에서 벽돌이 주재료가 되어 벽돌 구조 건축이 널리 사용된 상황은 서구와 크게 다르지 않았다. 19세기 중반까지 일본에서는 조적 구조가 드물었지만 일본의 지배 지역에서는 벽돌의 내화 성능, 저렴한 가격, 재래의 벽돌 제조 기술 등의 요인 덕분에 보편적인 구조가 되었다.

조적 구조를 채택했다는 것이 곧 서양 건축을 모범으로 삼았음을 의미했다. 조적 구조의 일본풍 건축은 있을 수 없었기 때문이다. 양식의 보편성은 19세기 말부터 20세기 초기에 각 지역에서 벽돌 조적 구조의 보급으로 뒷받침된다.

'세계 건축'으로서의 선진성

다음으로 선진성의 문제를 보편성의 문제와 같이 건축 양식과 구조, 평면이라는 점에서 생각해보고자 한다.

우선 건축 양식의 선진성을 보여주는 가장 큰 예는 다롄소방서(1907년 준공), 창춘 야마토 호텔(1909년 준공), 펑톈 충혼비(1910년 개축 준공)에서 볼 수 있는 아르누보 건축의 출현이다. 19세기 말 서유럽의 아르누보 건축은 북유럽이나 러시아 등으로 전파되었고, 일본이나 동아시아에도 유입되었다.

일본의 아르누보 건축은 다케다 고이치가 설계한 스미토모은행 가와구치지점(1903년 준공)이 최초였고 마찬가지로 다케다 고이치가 설계한 후쿠시마 저택(1905년 준공)이나 다쓰노사무소 설계의 마쓰모토 겐지로 저택(1911년 준공)이 대표적이다. 다롄소방서, 창춘 야마토 호텔, 펑톈 충혼비는 이 사이에 세워졌는데, 중국 동북 지방에서 아르누보 건축이 하얼빈에 차례차례 건립되던 시기였다. 19세기 말 서유럽의 아르누보 건축이 불과 수년만에 동아시아로 전파되었음을 보여준다. 매우 짧은 시간에 동아시아로 넘어온 아르누보 건축이 이른바 동시대의 건축으로 성립했음을 알 수 있다.

　　구조·재료의 선진성을 보여준 것은 철근콘크리트 구조에 관한 조사·연구였고 그것은 대만에서 발생한 철근콘크리트 구조 건물의 여러 문제에 기인하고 있다. 흰개미 방제가 큰 목적이었으므로, 유럽이 이를 도입한 것과는 이유가 달랐다. 기둥·보·바닥·벽을 전부 철근콘크리트 구조로 한 세계 최초의 건물은 오귀스트 페레의 설계로 1903년 준공한 파리 프랑클랭가 아파트라고 알려져 있는데, 대만 최초의 철근콘크리

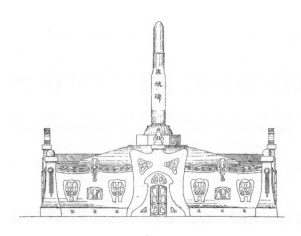

펑톈 충혼비 입면도, 『건축세계』 4권 5호(1910.4.)

트 구조 건물 타이베이 전화교환국이 준공된 것은 1908년이므로 그 차이는 고작 5년에 불과하다. 1905년에 일본 최초로 전체를 철근콘크리트 구조로 한 사세보 진수부의 창고가 준공되었지만, 철근콘크리트 구조의 보급 속도는 일본에 비해 대만 쪽이 빨랐고 대만총독부는 차례차례 철근콘크리트 구조 건물을 세웠다. 대만은 철근콘크리트 구조의 보급 면에서 선진적이었다.

그것이 철근콘크리트 구조 건축의 풍화라는 예상 밖의 문제를 불러일으켰다. 유럽이나 일본에 비해 습하고 비가 많이 오는 대만에서 콘크리트 틈으로 유입된 물로 인해 철근의 녹, 녹슨 철근이 팽창해 콘크리트가 파괴되었다. 유럽과 기후가 너무 달라서 발생한 철근콘크리트 구조의 풍화는 그것의 보급만큼이나 이르게 진전된 셈이다. 이에 대해 대만총독부의 기사들은 피해 두께를 확인하고 콘크리트의 점성 확보 등 대응책을 고안했다. 이 대응 방안은 오늘날에도 철근콘크리트 구조 건축의 풍화를 막기 위한 세계에서 인식되고 응용되고 있다.

평면과 기능과 관련해 현저히 선진적이었던 사례로는 오노기가 작성한 만철 다롄의원 안이었다. 1912년 작성한 안에서는 당시까지 단층이 주류였던 병동을 2층으로 했고, 1921년 안에서는 진료과마다 블록을 3층으로 쌓아 올려 병원을 건물 한 동에 넣었다. 당시 병원 건물로서는 첨단의 안이었다. 또한 오다 소타로는 다롄역에서 승강객의 동선을 입체적으로 분리하는 새로운 역사 양식을 제시했다.

이들 사례는 일본의 식민지 건축이 구조, 재료, 평면 및 기능 등 어떤 한 부분에서 세계적 건축이라고 말할 만하다는 점, 각 지역에서 완결되어 성립한 것이 아니라 세계 다른 지역의 건축과 관계를 맺으며 그들의 변화에 영향을 받으면서 변천해왔다는 점을 보여준다.

콜로니얼 건축과 일본의 식민지 건축

16세기 이후 포르투갈, 스페인, 네덜란드, 영국, 프랑스 등 서구 여러 국가가 아프리카, 아시아, 미국에 식민지를 획득했을 때 각 식민지로 지배국의 건축이 흘러들어갔다.

남아시아나 동남아시아, 카리브 해안에서는 고온다습한 기후에 대응할 필요가 있었고 주택을 중심으로 서구에서는 볼 수 없는 '베란다 콜로리얼'이라는 건축이 성립했다. 서구 여러 국가가 아프리카, 아시아, 미국 식민지에 세운 건축을 통칭 '콜로니얼 건축'(Colonial Architecture)이라고 부르나, 실질적으로 지배국의 건물을 기본으로 하되 기후의 차이나 재료 조달의 제약 속에서 성립한 것이었다.

식민지·지배 지역에 세웠다는 점에서 일본의 식민지 건축은 콜로니얼 건축과 같았다. 건축물을 지배 도구로 삼고 지배를 위해 필요한 시설을 세우는 한편, 공공성 높은 시설을 주요 지역에 배치해 그 건물들을 도시의 중요한 구성 요소로 다루었다. 건축물은 도시를 장식하고 지배력을 과시하는 장치였다.

그러나 다음과 같은 점에서 일본의 식민지 건축과 서구의 콜로니얼 건축은 달랐다. 첫째, 앞서 말했듯 일본의 지배 지역에서는 일본의 전통 건축을 적극적으로 도입하려고 하지 않았다. 둘째, 중국 동북 지방에서 두드러진 현상으로, 일본의 식민지 건축은 근처의 열강 지배지, 특히 중국 각지의 조계지나 조차지에서 콜로니얼 건축의 존재를 의식하고 세워졌다. 다롄의원이나 창춘 야마토 호텔을 비롯한 만철이 지은 일련의 건물이 그 전형이고, 종주국 일본뿐만 아니라 인근 지역의 건축으로부터 영향을 받았다.

지배지를 획득하는 과정에서 성립했다는 점에서 일본의 식민지 건축은 유럽의 콜로니얼 건축과 같았으나, 일본의 전통 건축을 도입하지 않았다는 점은 달랐다.

3
식민지 건축을 뒷받침한 네트워크

지배지 상호 간 이동: 항로와 철도

식민지 건축의 보편성과 선진성은 건축가·건축기술자, 도급업자 등 사람, 건축 재료, 건축에 관한 최첨단 정보의 확보와 이동으로 유익한 정보를 적확하게 손을 넣을 수 있어서 가능했던 측면이 강하다. 사람·물건·정보는 일본 국내와 개별 지배 지역 사이를, 그리고 대만·조선·중국 동북 지방 등 지배지 사이를 이동했다. 일본을 거치지 않고 지배지 서로 간 이동이 있었다는 점이 중요한데, 포틀랜드 시멘트처럼 일본의 식민지·지배 지역 밖으로 수출되거나 세계의 건축 정보를 적극적으로 받아들이곤 했다. 그 배경에 일본에 의한 정치적·군사적 지배가 있었음은 말할 필요가 없으나, 이동을 가능하게 한 방법과 공간이 있었다는 것에 주목해야 한다. 이동의 방법으로는 항로와 철도를 들 수 있다.

대만총독부와 조선총독부는 대만이나 조선으로부터 일본, 일본의 지배 지역, 중국, 동남아시아를 연결하는 주요 항로에 대해 보조금을 지급함으로써 각각의 '명령 항로'(命令航路)를 유지했다. 대만총독부의 명령 항로는 2대 항만도시 지룽과 가오슝을 기점으로 일본 요코하마, 오사카, 고베, 우지나, 모지, 조선의 부산과 진남포, 일본이나 열강의 지배하에 있던 중국의 다롄, 톈진, 칭다오, 상하이, 푸저우, 아모이, 산터우, 홍콩, 중국 하이난도의 하이커우, 베이하이, 특히 마닐라, 바타비아(현 자카르타), 인도네시아 수라바야, 베트남 하이퐁 등 동남아시아의 도시를 연결하는 것이었다. 또 관동, 다롄을 기점으로 옌타이, 칭다오, 인천 등을 연결하는 항로를 '보조항로'(補助航路)로 설정했다. 만철은 다롄에서 상하이·홍콩·광저우를 연결하는 정기항로를 직영으로 개설했다.

이 항로를 따라 건축 활동에 필요한 물건·사람·정보가 이동했다. 더욱이 일본의 각 지배 지역이 단지 일본과의 연결 뿐 아니라 동아시아 지역의 지리적 조건을 고려하고 중국이나 동남아시아 간 연결을 확보함으로써 광범한 지역과 연결되었고 더 넓은 지역에 각각을 자리매김했다.

즉, 대만총독부에 의한 명령 항로는 대만을 일본과 화남지방, 동남아시아를 연결하는 곳으로 자리매김했으며, 만철의 직영 정기 항로는 다롄과 일본이 아니라 다롄과 중국 연안 주요 도시인 상하이·홍콩·광저우를 연결하고 특히 그것과 만철 본선을 연결함으로써 그것을 유럽·아시아 간 교통로의 일부로 삼았다. 만철은 1908년 8월 다롄-상하이 간 정기항로를 개설했고 같은 해 10월에 다롄-창춘 간 급행열차가 운행을 시작했다. 상하이에서 승선한 여객은 다롄역에서 만철선의 급행열차로 갈아타고 창춘역에서 동청철도선으로 들어가 하얼빈, 만주리를 거쳐 시베리아철도로 옮겨 탔다.

세계 규모의 시스템

물건·사람·정보를 이동할 수 있게 하는 시스템을 구축함으로써 일본의 식민지와 지배 지역에서 건축 활동이 유지되었고 식민지 건축의 보편성과 선진성이 세계적인 규모로 확보되었다. 그리고 일본의 식민지·지배 지역에서 실제로 일어난 현상을 해석하면, 일본의 각 지배 지역은 일본 제국의 변경으로서 각 지배지와 외국 간 물건·정보의 이동을 직접 실현했다. 이를 통해 각 지역에서 활동하던 일본인 건축가·건축기술자는 일본에서 만날 수 없는 정보를 얻었고 이 정보를 근거로 활동했다.

건축을 예로 살펴볼 때, 일본의 지배지는 일본이라는 본국 아래 예속된 것이 아니라 지리적으로 접해 있던 외국과 밀접한 관계를 맺으며 일본 제국이라는 틀보다 넓은 동아시아, 동남아시아, 북동아시아라는 틀 안에 자리 잡고 있었다. 각 지역에 세워진 건물을 보거나 정보를 얻음으로써 그곳에서 활동하던 일본인 건축가들이 건축에 관한 당시의 최첨단 정보를 얻을 수 있었다.

일부이긴 하나 일본의 식민지 건축이 세계 건축일 수 있었던 것은 일본의 식민지·지배 지역이 인근 지역과의 관계 속에서 경우에 따라서 세계적인 규모로 자리매김되게 하는 시스템이 뒷받침되었기 때문이다.

나가며

구 경성부 청사:
한국 문화재청과 서울시의 대립

2008년 8월 26일부터 서울시는 그때까지 시청사로 사용해오던 구 경성부 청사를 철거하기 시작했다. 노후한 구청사의 외벽 등 일부만 남기고 다른 부분은 일단 철거하고 복원해 도서관으로 전용한다는 계획이었다. 문화재청은 서울시의 계획을 받아들이지 않았다. 서울시가 철거를 공표하자 구 경성부 청사를 사적으로 임시 지정하고 공사를 중단시켰다. 서울시와 문화재청의 대립은 일본에도 보도되어 화제가 되었다.

　이 같은 갈등은 역사적 건축물을 노후화를 이유로 개축할 때 종종 일어나며 일본에서도 흔한 일이다. 기존 건축의 일부를 철거하고 복원하는 수법도 일본에서 때때로 문제가 되는 방식이다. 그러나 이 경우는 단순히 역사적 건축물의 보존 문제라기보다는, 식민지 건축의 현재를 생각하는 데 좋은 계기가 되어주었다. 조선총독부 청사가 낙성된 지 1개월이 지난 1926년 10월 30일 준공한 경성부 청사는 조선총독부 청사와 함께 당시의 경성 시가지를 변화시킨 조선총독부에 의한 경

237

성의 근대화를 보여주는 건물이었다. 물론 조선총독부 청사와 함께 식민지 지배를 상징하는 건물의 하나다.

구 조선총독부 청사는 1948년에 대한민국이 성립하면서 정부 중앙청사로 1984년까지 사용되었다. 수도 기능이 일부 이전함에 따라 중앙청사가 서울 남쪽의 과천으로 옮겨 가고, 기존의 중앙청사는 국립중앙박물관으로 전용되어 1986년 서울아시아대회에 맞춰 개관했다. 그리고 일본이 패전한 지 50년, 철거 공사가 시작된 지 1년여가 지난 1995년 8월 15일 구 조선총독부 청사의 모습은 지상에서 사라졌다.

이때 서울시 청사로 사용되었던 건물은 구 경성부 청사였다. 그런데 21세기가 되어 2002년 한일 월드컵 대회 당시 한국 팀을 응원하는 군중이 시청 앞 광장에 모여 시청 외벽에 설치된 대형 화면을 보면서 "대한민국"을 외쳤다. 이 광경은 2006년 월드컵 대회 때도 재현되었다. 그리고 언제부터인가 사람들이 시청사 앞을 서울시청 앞 광장이라고 부르게 되었

외벽만 남겨진 구 경성부 청사

238

고 시청사는 광장의 배경이 되었다. 원래 이곳은 수많은 차가 오가는 중요한 교차점이었고 광장은 아니었다. 한국 축구 대표팀에 대한 응원이 광장을 만들었다고 말할 수 있으나, 결국 서울시 청사가 거기 있었기에 시청 앞 광장이 성립된 것이었다. 2003년, 구 경성부 청사는 문화재로 등록되었다. 구 조선총독부 청사 철거가 결정된 지 10년이 흐른 시점이었다.

식민지 건축의 가치를 인정하다

서울시와 한국 문화재청의 대립은 서울시 청사로 사용했던 구 경성부 청사의 존재를 다시 생각하게 하는 기회였다. 서울시는 시청사가 광장의 배경이 되었음을 인정하고 그 때문에 외벽의 보존을 고려했다. 그러나 어디까지나 광장의 배경인 외벽의 존재를 고려한 것일 뿐, 노후된 다른 부분은 철거하고 그대로 다시 지을 생각이었다.

그러나 문화재청의 판단은 달랐다. 문화재청은 구 경성부 청사를 식민시 시대 고난의 역사를 증거하는 건축 사적(史蹟)으로 임시 지정했다. 식민지 건축의 가치와 존재를 인정한 것이다. 문화재청의 입장에서는 문화재 파괴로도 볼 수 있는 서울시의 제안을 수용하지 않았다. 20세기 건물을 21세기에 똑같이 지어도 결국 21세기의 건물이며, 철거되기 전과 형태가 꼭 닮았다고 해도 20세기 식민지 건축일 수는 없다.

서울시와 문화재청의 대립은 한국에서 식민지 건축의 취급 방식을 크게 바꾸었고, 한국에 한정하지 않고 일본의 식민지 건축에 대한 평가가 절대적인 것이 아니라 상대적임을 보여준 사건이었다. 그리고 일본이 지배한 시간보다 해방 이후의 시간이 더 길어진 21세기에 식민지 건축과 어떻게 마주할 것인가를 다시금 고민하는 계기가 되었다.

사용함으로써 권력의 이행을 보여주다

식민지 건축이 일본의 지배를 상징한다고 간주하는 것은 당연하며 이는 식민지 건축의 숙명이다. 1945년 일본의 패전과 함께 식민지 건축은 파괴될 운명이었다. 그러나 실제로 철거된 식민지 건축은 적었고 적극적으로 파괴된 것은 각지의 신사와 충령탑이었다. 거기에는 두 가지 상황이 섞여 있었다. 하나는 식민지 건축인 기존의 건물을 사용할 수밖에 없는 해방 후의 사회 현실, 또 하나는 식민지 건축을 새로운 정권이 사용함으로써 권력의 이행을 보여줄 수 있다는 것이었다.

한국에서는 1970년대까지, 대만이나 중국 동북지방에서는 1980년대까지 기존 식민지 건축을 사용하는 상황이 지속되었다. 경제의 급속한 발전, 즉 한국에서는 박정희 정권이 '한강의 기적'을 이루고, 중국에서는 덩샤오핑 정권의 개혁·개방 정책에 따른 경제 발전으로 시가지에 새로운 건물을 세울 경제적 여유가 생기자 지배의 상징이었던 식민지 건축은 개축될 운명에 처했다. 이는 식민의 극복이었고 새로운 건축은 일제강점기 시절보다 발전한 모습을 보여주는 상징이었다. 경복궁 복원이라는 대의를 내걸고 일본이 항복한 지 50년째가 되는 1995년 8월 15일부터 구 조선총독부 청사를 철거하기 시작한 것은 이를 잘 보여주는 사례다.

　새로운 권력이 식민지 건축을 전용한 대표 사례가 구 대만총독부 청사와 구 관동군 사령부이다. 국공내전으로 패한 중국 국민당 정권은 대만으로 거점을 옮겨 구 대만총독부 청사를 중화민국총통부 청사로 사용하기 시작했고 오늘날에 이르고 있다. 대만총독부에서 국공내전을 거쳐 중화민국정부로 권력이 이동했다는 상징성이 두드러진다. 과거 대만 지폐에 이 청사의 모습이 인쇄되어 있던 사실도 마찬가지 맥락에서 이해할 수 있다. 한편, 국공내전에서 승리한 중국 공산당이 각지에 조직한 지방위원회는 각 시가지 중심에 위치한 건물을 청사로 이용했다. 대표적으로 중국공산당 지린성위원회가 구 관동군 사령부를 청사로 썼다. 만주국 정부를 괴뢰정권으로 두고 중국 동북 지방을 통치했던 관동부 사령부의 청사를 지린성의 중국 공산당 조직이 사용함으로써 권력의 이행을 여실히 보여주었다.

　구 대만총독부 청사나 구 관동군 사령부는 결국 파괴되지 않았다. 대신 새로운 권력자가 그것을 사용함으로써 권력의 이행을 실감케 했다.

식민지 건축의 미래

경제가 발전하자 식민지 건축에 새로운 움직임이 나타났다. 역사적 건축의 하나로서 식민지 건축의 문화적 가치 또는 사회적·문화적 유산의 가치를 인정하는 것, 특히 재개발에 돌입한 도시의 자산으로 활용한다는 움직임이었다.

학술 연구와 문화재 보호, 도시 재개발 사업 분야에서 이러한 움직임이 분출되었다. 한국에서는 건축사가 윤일주가 식민지 건축을 한국 건축사의 일부로 다룬 『한국 양식 건축 80년: 해방 이전 편』을 1966년에 저술한 이래 1985년에 세상을 뜨기 전까지 많은 논저를 통해 식민지 건축을 건축사적으로 자리매김하고자 노력했다. 식민지 건축 그 자체의 존재를 부정하는 사회적 풍조가 강한 가운데 그것을 연구하는 데에 많은 어려움이 따랐으나, 그의 연구는 김정동, 윤인석에게로 이어졌다. 문화재청이 서울시에 구 경성부 청사 철거 중단을 요구하게 된 사정엔 이 같은 과정이 있었다. 이들은 한국 근대 건축에 관한 실지 조사를 비롯해 식민지 건축을 한국 건축사에 새롭게 자리매김하려는 시도를 계속하고 있다.

대만에서는 건축가 리첸랑이 1979년에 『대만건축사』를 저술하면서 일본의 식민지 건축을 포함했다. 중국에서는 도쿄대학을 중심으로 하는 일본아시아근대건축사연구회와 칭와대학을 중심으로 하는 중국 근대건축사연구회가 공동으로 1988년부터 근대 건축 조사를 시작, 15개 도시를 각기 다룬 조사 보고서 『중국 근대 건축 총람』이 간행되었다. 중국 동북 지방에서는 하얼빈, 선양, 다롄을 대상으로 일본의 식민지 건축을 포함한 근대 건축 조사가 진행되었다. 하얼빈과 선양에서는 각 도시 건축의 조사·연구와 더불어 외국의 지배를 받은 시기의 건물을 근대 건축의 일부로 보고 건축사 연구를 진척

시켰다.

　조사에 앞서 하얼빈에서는 시정부가 1984년부터 시가지에 남은 1949년 이전의 주요 건물을 보존하는 사업에 착수했다. 동청철도의 시가지 건설에 따라 건립된 건물이나 만주국 건물이 그 대상이었는데, 구 동청철도 본사 등 건물 74동과 이 건물들이 집중되어 있는 광장이나 도로를 포함했다. 다롄에서도 시가지의 중심인 구 다롄 대광장에 접한 건물 아홉 동을 보존하기로 하고 광장의 경관 보호를 꾀했다. 광장에 접한 건물 열 동 중 아홉 동이 만주국 시기에 건립된 것이었다. 1950년대에 세워진 다롄시 인민문화구락부의 건물도 좌우 양쪽에 있는 구 요코하마정금은행 다롄지점과 구 대청은행 다롄지점에 외관을 맞추는 형태로 1990년대에 개수되었다.

　이 같은 움직임은 식민지 건축을 단순히 지배 상징으로서가 아니라 그 존재를 인정하고 각 지역의 역사를 알려주는 문화유산으로서 다루는 것이며, 더불어 도시 재개발의 자산으로서 인식하는 것이었다. 구 경성부 청사의 철거 논란이 대표적인 예이다. 한국 문화재청의 주장은 식민지 건축을 문화재로 취급하려는 태도였다.

　식민지 건축을 둘러싼 인식의 변화는 제2차 세계대전 후 60년 이상이 흘러 피지배 기간보다 해방 후의 시간이 더 길어지면서 두드러지고 있다. 식민지 건축은 변한 것이 없고, 그것을 다루는 인간의 의식이 변화한 것이다. 식민지 건축이라는 엄연한 사실은 쭉 남는 것이다.

　식민지 건축을 둘러싼 어제와 오늘의 움직임을 보면 지

배의 유물이라는 이유만으로 식민지 건축을 말살하기는 쉽지 않아 보인다. 식민지 건축이 지배를 상징하는 이상 그것의 말살은 일제의 지배 사실을 역사상에서 없애는 행위가 될 수 있다. 구 조선총독부 청사의 부재 일부는 충청남도 천안시의 독립기념관에서 야외 설치 작품으로 전시되고 있는데, 이는 일제 지배의 사실을 후세에 전달하는 역할을 한다. 식민지 건축을 마주하는 것은 지배국과 그 국민에게, 즉 일본과 일본인에게 지배를 바로 보게 하는 것이다. 식민지 건축을 계속 사용하는 것은 과거 피지배 국가와 국민에게 아픈 역사를 극복하는 씨앗이다. 식민지 건축의 과거와 현재를 역사 교육의 소재로 사용할 수 있다면 역사 인식을 둘러싼 동아시아 국가들의 다툼도 해소될 수 있다고 생각한다. 거기에서부터 식민지 건축의 미래가 열린다고 생각한다.

저자 후기

2009년, 간만에 서울을 방문했다. 광화문은 복원 공사 중이었으나, 그 뒤로 거대한 구 조선총독부 청사는 없었다. 1995년부터 1년여 동안 철거가 진행된 것은 알고 있었다. 그러나 그 건물이 지상에서 사라진 현실을 직시하고 나니 식민지 건축을 연구하는 과정에서 내 기억에는 구 조선총독부 청사가 엄연하게 존재했던 경복궁의 모습이 새겨져버렸음을 알았다.

서울은 내가 처음 해외여행을 한 1985년 8월, 처음으로 찾은 도시였다. 당시의 한국은 군사정권 아래 있었고, 더욱이 남북관계가 긴장되어 있었기 때문에 카메라와 지도를 가지고 길을 걸어 다닐 분위기가 아니었다. 체류 중에 방공연습도 경험했고 일본에서는 겪기 힘든 긴장의 나날이었다. 당연하게도 구 조선총독부 청사라든가 구 경성부 청사 등 식민지 건축을 차근차근 살펴볼 수도 없었다. 그 후 인천, 군산, 대전, 대구, 부산을 돌아 일본으로 돌아왔으나, 어느 지역에서도 건물을 차분히 볼 여유는 없었다.

같은 해 9월엔 중국으로 나갔다. 베이징을 거쳐 하얼빈,

창춘, 지린, 선양, 다롄을 3주 동안 혼자 여행했다. 알고 있는 중국어는 니하오(안녕하세요), 셰셰(고맙습니다) 정도였다. 공공기관 등에는 반드시 경관이나 총을 휴대한 병사가 있었다. 서울에 뒤지지 않는 긴장감이 감돌았다. 길에서 카메라를 내놓으면 바로 사람들이 모여들었다. 메모장에 건축의 외관을 스케치해도 마찬가지였다. 이 역시 일본에서는 맛볼 수 없는 체험이었다.

한국과 중국을 다녀오고 불안해져 '식민지 건축 연구를 할 수 있을까?' 스스로에게 물었다. 그때 이미 석사논문에서 중국 동북 지방에서의 일본인 건축가 활동을 어느 정도 정리하고 있었으나, 오직 문헌에만 의존한 연구였다. 연구의 틀을 계속 넓혀가며 실제 건물을 보기 위해 한국과 중국을 여행한 것인데 그곳에서의 체험은 일본에서의 일상과는 동떨어진 것이었다.

질문에 대한 답은 쉽게 나오지 않았지만, 식민지 건축 연구를 위해 필요한 것이 무엇인지 이 경험에서 얻은 바가 있었다. 외국을 가는 것이니 그 나라의 언어가 필요한 것은 당연하고, 그 전에 필요한 것은 건물을 차근히 관찰하는 일이었다. 사진을 찍고 스케치를 하다 보니 긴장되는 것일 뿐 그저 지켜보기만 한다면 그리 긴장될 것도 없다.

긴장하고 싶지 않아서 건축사 연구의 본연인 '건물을 보는 것'을 소홀히 하면 안 된다는 것을 알았다. 중요한 건물은 몇 번이든 보고 곧장 가까운 곳에서 가게를 찾아 차를 마시면서 메모하거나 스케치를 하면 된다. 건물을 봐야 한다. 식민지 건축을 직시하지 않고는 연구가 성립될 수 없었다.

이러한 시행착오 속에서 25년이 흘러 또 한 번 식민지 건축을 바로 보기 위해 서울을 출발점으로 삼아 이전에 방문했던 도시를 돌아보기로 했다.

이 여행에서 맨 처음 직면한 것이 구 조선총독부 청사가 없는 경복궁이었고 마지막 장에서 서술한 구 경성부 청사의 모습이었다. 구 조선총독부 청사는 준공부터 철거까지 70년 동안 경복궁에 존재했다. 경복궁의 역사로 보면 짧은 시간이지만, 나를 비롯해 현대를 살아가는 많은 사람이 과거엔 이 건물의 존재를 실감했다.

식민지 건축을 마주한다는 것은 그것이 사라진 사실도 직시함으로써 비로소 식민지 건축의 존재 의미를 문제 삼는 것이다. 과거에도 조선왕조의 왕궁을 파괴하고 청사를 짓는 행위를 비판하는 목소리가 있었는데, 지금 조선총독부 건물이 사라진 경복궁을 본 후 그 비판을 확실하게 느낄 수 있었다.

식민지 건축 연구를 시작했을 때 '식민지 건축 연구는 건물이 없어지면 연구도 끝난다'라고 나에게 말한 사람이 있었다. 그 말이 잘못되었다는 것은 경복궁을 찾으면 바로 안다. 경복궁 공식 안내판에는 조선총독부 청사가 근정전 앞에 세워지고 광화문이 이축되었던 사실과 함께 1990년부터 경복궁 복구공사가 시작되었고 조선총독부 청사가 철거된 역사가 적혀 있다. 건물이 사라져도 건물이 세워졌었다는 사실은 사라지지 않는다. 그리고 건물이 없어짐으로써 알게 되는 사실이 있고 이야기되는 것이 있다. 식민지 건축이 없어져도 식민지 건축이 존재했던 사실은 엄연하게 남아 있고 연구에 끝은 없는 것이다. 야외에 전시된 구 조선총독부 청사의 부재를 보았을 때 그것을 한층 강하게 느꼈고 끝나지 않은 연구에 발을 들여놓았음을 실감했다.

이 책을 저술한 경위를 간단히 소개하고자 한다. 이 책은 2008년 2월에 나고야대학출판에서 간행한『일본 식민지 건축론』의 간소한 버전으로 기획되었다. 여기저기에서 과분한 평가를 받은 덕에 나는 2009년 일본건축학회상을 받았다. 연구 성과를 사회로 환원하는 일환으로서 학술서를 일반 서적으로 바꾸는 것은 중요한 일이라고 생각하지만, 500쪽이 넘는 학술서를 요약하기가 쉽지 않고 같은 주제라도 반드시 새로운 것을 써야 한다는 신념을 지키고자 식민지 건축의 전형인 건물들을 소개하고 식민지 건축 성립에 관련한 사람·사물·정보를 소개하기로 했다.

　따라서『일본 식민지 건축론』에 비해 소개한 식민지 건축의 개수는 적지만, 사람과 관련해서 건축가의 이동 내용을, 건축 재료에서는 철재 부분을, 정보에 관한 부분에서는 지배 지역 간 정보의 이동에 관한 논고를 덧붙였다. 일반 대중서를 지향하되 학술서였던『일본 식민지 건축론』보다도 깊게 논한 부분이 생긴 것이다. 식민지 건축에 관해 더 많은 지식을 구하고자 하는 독자에게는『일본 식민지 건축론』을 읽어보길 권한다.

　지금까지 출간한 책과 마찬가지로 이 책도 많은 이에게

도움을 받아 집필을 마칠 수 있었다. 언제나 많은 의문에 답해 준 호리 마사요시 씨, 자료 조사로 신세를 진 다니카와 류이치 씨, 식민지 건축 재방문 여행에 동행해준 스나모토 부미히코 씨, 서울과 타이베이 건물 조사에 협력해준 윤인석 씨, 황준밍 씨, 황시콴 씨 등 많은 이에게 마음으로부터 감사의 뜻을 표하고 싶다.

또 『일본 식민지 건축론』의 집필을 시작한 2003년부터 이 책의 원고를 마칠 때까지 나고야대학에 재직한 스즈키 센리 씨, 오인 씨, 야나자와 히로에 씨, 안도 유리코 씨, 곤도 이쿠에 씨, 이노우에 마코 씨, 다니다 유미코 씨, 고바야시 노부아키 씨, 박광현 씨, 장연의 씨, 기도 코타 씨, 모리다 게이 씨, 히라오카 나쓰키 씨에게는 평소 만나 이야기하면서 자극을 준 점에 감사하고 싶다. 게다가 늘 마음으로 지켜주고 있는 가족에게도 감사하고 싶다. 또 편집의 수고를 한 가와데서방신사의 무라마쓰 교코 씨에게도 감사의 뜻을 표한다.

이 책에 게재한 사진의 일부는 2009년도 마에다기념공학진흥재단에서 지원한 「일본 식민지건축의 전후 상황과 평가에 관한 연구: 타이베이·서울·다롄에서의 사례 연구」를 위해 각지를 찾았을 때 촬영한 것이다. 아울러 감사의 뜻을 표하는 바이다.

2009년 9월 11일
니시자와 야스히코

참고문헌

건축 관련 서적

大韓帝国度支部建築所,『建築所事業概要第一次』, 1910.

日本實業興信所編輯部編,『日鮮満土木建築信用録(第四版)』, 日本美業興信所, 1925.

葛西万司・長野宇平治,『辰野紀念日本銀行建築譜』, 墨彩堂, 1928.

東大建築学科・木葉会編,『東京帝国大学工学部建築学科卒業計画図集』, 洪洋社, 1928.

朝鮮総督府編,『朝鮮総督府庁舎新営誌』.

高橋豊太郎・高松政雄・小倉強,『高等建築学 第一五巻 建築計画 (3) ホテル・病院・サナトリウム』, 常盤書房, 1933.

西村好時,『銀行建築』, 日刊土木建築資料新聞社, 1933.

梁思成・劉致平,『建築設計参考図集(全10巻)』, 中国営造学社, 1935-37.

大藏省営繕管理局編,『帝国議会議事堂建築の概要』, 1936.

関野貞,『朝鮮の建築と藝術』, 岩波書店, 1941.

上田純明編,『高岡又一郎翁』, 杉並書店, 1941.

中村勝哉編,『西村好時作品譜』, 城南書院, 1950.

尹一柱,『韓国・洋式建築八〇年-解放前篇』, 冶廷文化社, 1966.

森井健介,『師と友-建築をめぐる人びと』, 鹿島研究所出版会, 1967.

日本工学会・啓明会編,『明治工業史 (建築篇)』, 学術文献普及会, 1968.

満鉄建築会編,『満鉄の建築と技術人』, 1976.

鈴木博之,『建築の世紀末』, 晶文社, 1977.

稲垣榮三,『日本の近代建築-その成立過程(下)』, 鹿島出版会, 1979.

藤森照信,『日本の建築 明治・大正・昭和 3 国家のデザイン』, 三省堂, 1979.

山口廣,『日本の建築 明治・大正・昭和 6 都市の精華』, 三省堂, 1979.

伊藤ていじ,『谷間の花が見えなかった時』, 彰国社, 1982.

近江榮,『建築設計競技-コンパティションの系譜と展望』, 鹿島出版会, 1986.

李建朗,『台湾建築史』, 北屋出版事業股份公司, 1978.

趙澤明,『満洲国の首都計畫』, 日本経済評論社, 1988.

博物館昭和村編,『妻木賴黄と臨示建築局』, 名古屋鉄道株式会社, 1990.

村松伸,『上海・都市と建築』, PARCO出版局, 1991.

汪坦・藤森照信監修,『中国近代建築総覧哈爾濱編』, 中国建築工業出版社, 1992.

藤森照信,『日本の建築(上)-幕末・明治篇』, 岩波書店, 1993.

藤森照信,『日本の建築(下)-大正・昭和篇』, 岩波書店, 1993.

石田潤一郎,『都道府縣庁舎-その建築史的考察』, 思文閣出版, 1993.

汪坦・藤森照信監修,『中国近代建築総覧瀋陽編』, 中国建築工業出版社, 1995.

汪坦・藤森照信監修,『中国近代建築総覧大連編』, 中国建築工業出版社, 1995.

西澤泰彦,『海を渡った日本人建築家』, 彰国社, 1996.

汪坦・藤森照信監修,『全調査東アジア近代の都市と建築』, 筑摩書房, 1996.

石田潤一郎,『関西の近代建築』, 中央公論美術出版, 1996.

한국문화체육부・국립중앙박물관,『구 조선총독부 건물 실측 및 철거 도판 (하)』, 1997.

水野信太郎,『日本煉瓦史の研究』, 法政大学出版局, 1999.

李乾朗,『20世紀台湾建築』, 玉山社出版事業股份有限公司, 2001.

堀勇良,『外国人建築家の系譜(日本の美術 447号)』, 至文堂, 2003.

中華民国内政部,『国定古蹟総統府修護調査与研究』, 2003.

黄俊銘,『総督府物語-台湾総督府曁官邸的故事』, 遠足文化事業股份公司, 2004.

橋谷弘,『帝国日本と植民地都市』, 吉川弘文館, 2004.

孫禎睦(西垣安比古・市岡実幸・李終姫訳),『日本統治下朝鮮都市計画史研究』, 柏書房, 2004.

張復合,『北京近代建築史』, 清華大学出版会, 2004.

青井哲人,『植民地神社と帝国日本』, 吉川弘文館, 2005.

賴德霖,『中国近代建築史』, 清華大学出版社, 2007.

西澤泰彦,『日本植民地建築論』, 名古屋大学出版会, 2008.

張復合編,『図説北京近代建築史』, 清華大学出版社, 2008.

加藤祐三,『黒船前後の世界』, 岩波書店, 1985.

大江志乃不ほか編,『岩波講座 近代日本と植民地(全八巻)』, 岩波書店, 1992-
　　1993.

山本武利ほか編,『岩波講座「帝国」日本の学知(全八巻)』, 岩波書店, 1992-93.

台湾総督府官房文書課編,『台湾写真帳』, 1908.

伊藤博文編,『台湾資料』, 秘書類纂刊行会, 1936.

台湾銀行編,『台湾銀行二十年誌』, 1919.

山本三生編,『日本地理体系十二巻台湾編』, 改造社, 1930.

台湾総督府税関編,『昭和四年台湾貿易年表』, 1930.

名倉喜作編,『台湾銀行四十年誌』, 1939.

黄昭堂,『台湾総督府』, 教育社, 1981.

山本三生編,『日本地理体系十二巻朝鮮編』, 改造社, 1930.

朝鮮給督府,『施政二十五年史』, 1935.

朝鮮銀行史研究会編,『朝鮮銀行史』, 東洋済新報社, 1987.

多田井喜生,『朝鮮銀行ーある円通貨圏の興亡』, PHP研究所, 2002.

関東州民政署官房編纂,『関東州民政署法規提要』, 1906.

金澤求也,『南満洲写真大觀』, 満洲日日新聞社印刷部, 1911.

関東都督府官房文書課,『関東都督府施政誌』, 1919.

南満洲铁道株式会社編,『南満洲铁道株式会社十年史』, 1919.

植田梶太編,『奉天名勝写真帳』, 奉天名勝写真帳, 1920.

関東庁編,『関東庁 施政二十年』, 1926.

南満洲铁道株式会社铁道部庶務課編,『昭和四年大連港貨物年報』, 1930.

山本三生編,『日本地理体系別卷満洲及南洋編』, 改造社, 1930.

関東局文書課編,『関東局施政三十年業績調査資料』, 1937.

関東局文書課編,『関東局施政三十年誌』, 1937.

満鉄長春地方事務所編,『長春事情』, 1932.

南満洲铁道株式会社産業部編,『営口軍政誌抄』, 1937.

駒井德三,『大満洲国建設録』, 中央公論社, 1933.

大連市役所編,『大連市史』, 1936.

満洲帝国実業部総務司文書科編,『満洲国産業概観』, 1936.

豊田要三郎編,『満洲工業事情』, 満洲事情案内所, 1939.

南満洲铁道株式会社總裁室地方部残務整理委員会,『満鉄鉄道附属地経営沿革
　　全史』, 1939.

小林竜夫・島田俊彦編,『現代史資料7 満洲事変』, みすゞ書房, 1964.

石光真清,『曠野の花・石光真清手記』, 中央公論社, 1978.

山本有造編,『「満洲国」の研究』, 緑蔭書房, 1995.

柳沢遊,『日本人の植民地體驗-大連日本人商工業者の歴史』, 青木書店, 1999.

秋田茂・籠谷直仁,『1930年代のアジア国際秩序』, 渓水社, 2001.

産経新聞「日本人の足跡」取材班,『日本人の足跡一世紀を越えた「絆」を求めて』,
　　　　産業経濟ニュスサービス, 2001.

山本有造編,『帝国の研究ー原理・類型・関係』, 名古屋大学出版会, 2003.

山室信一,『キメラー満洲国の肖像(増補版)』, 2004.

宮嶋博史ほか編,『植民地近代の視座 朝鮮と日本』, 岩波書店, 2004.

山本有造編,『「満洲」記憶と歴史』, 京都大学学術出 版会, 2007.

小林英夫,『<満洲>の歴史』, 講談社, 2008.

기타 서적

松田長三郎編,『大高圧右衛門紀念誌』, 大高庄右衛門伝編纂所, 1921.

小野田セメント株式会社編,『小野田セメント製造株式会社創業50年史』(復刻
　　　　版), ゆまに書房, 1997.

日本経営史研究所編,『小野田セメント百年史』, 1981.

日本セメント株式会社社史編纂委員会編,『70年史 本編』, 1955.

社団法人日本鉄鋼連盟,『資料・日本の鉄鋼統計100年』, 1973.

阿部市助編,『川崎造船所40年史』, 川崎造船所, 1936.

『柳宗悦全集 第6卷』, 筑摩書房, 1981.

잡지 기사

伊東忠太,「法隆寺建築論」,『建築雑誌』83号(1893.11.)

「台湾庁舎建築」,『建築雑誌』146号(1899.2.)

「台灣銀行新築落成」,『建築雑誌』207号(1904.3.)

「会員動靜准員前田工学士」,『建築雑誌』215号(1904.11.)

「台湾総督府庁舎新築設計懸賞募集規程」,「応募者心得」,『建築雑誌』24号
　　　　(1907.6.)

「関東都督府高等及地方法院建築工事說明書」,『建築雑誌』253号(1908.1.)

前田松韻,「大連市に施行せし建築仮取締規則の効果」,『建築雑誌』254号
　　　(1908.2.)

前田松韻,「大連市に施行せし建築仮取締規則の効果 (二)」,『建築雑誌』255号
　　　(1908.3.)

「大連民政署新築工事説明書」,『建築雑誌』268号(1909.4.)

「南満洲鉄道株式会社近江町社宅」,『建築雑誌』276号(1909.7.)

「故正員工学士岩田五.)満君小怎」,『建築雑誌』283号(1910.7.)

池田态,「故大藏彰臨時建築部技師南満洲鉄道会社社 員太田毅君を弔ふ」,『建
　　　築雑誌』295号(1911. 7.)

「朝鮮総督府方舎新築設計概要」,『建築雑誌』381号(1918.9.)

「華北建築協会の発展」,『建築雑誌』663号(1940.6.)

牧野正已,「満洲建築随想」,『国際建築』12巻1号(1936.1.)

「特報故正員正五位国枝博君略歴及作品」,『日本建築士』33巻4号(1943.12.)

柳宗悦,「失はれんとする一朝鮮建築の爲に」,『改造』(1922.9.)

尹一柱,「建築遺産一のこされた二つの怪物」,『環境文化』52号(1981.9.)

「韓国中央庁(旧朝鮮総督府)」,『日経アーキテクチュアー』244号(1985.7.)

「汕頭セメント市況」,『セメント界彙報』155号(1927.1.)

「朝鮮におけるセメント需給状況(二)」,『セメント界彙報』165号(1927.6.)

「支那のセメント供給状況」,『セメント界彙報』182号(1928.3.)

「1927年における爪哇のセメント輸入状況」,『セメント界彙報』189号(1928.6.)

「我国のセメント貿易」,『セメント界彙報』196号(1928.10.)

「上海地方におけるセメント工場近況」,『海外セメント事情』4号(1934.1.)

「広東洋灰製造輸入及市況」,『海外セメント事情』4号(1934.1.)

「我邦におけるポルトランドセメント業の発達」,『セメント界彙報』321号
　　　(1934.12.)

「建築雑報・台銀の大建築」,『台湾建築会誌』6巻5号(1934.9.)

栗山俊一,「鉄筋コンクリート内の鉄筋の腐食とその実例」,『台湾建築会誌』5巻
　　　1号(1933.1.)

白倉好夫,「四建築会連合大会に臨み満洲朝鮮を旅行して」,『台湾建築会誌』
　　　5巻5号, 6巻1号(1933.10.-1934.2.)

古川長市,「満洲国国都新京の都市計畫概要」,『台湾建築会誌』5巻6号
　　　(1933.12.)

井手薫,「改隷40年間の台湾の建築の変遷」,『台湾建築会誌』8巻1号(1936.1.)

「台湾銀行本店新築工事概要」,『台湾建築会誌』9巻5号(1937.11.)

梶辻国吉,「明治時代の思ひ出 其の一」,『台湾建築会誌』13巻2号(1941.8.)

梶辻国吉,「明治時代の思ひ出 其3」,『台湾建築会誌』14巻 5号(1942.5.)

今和次郎,「朝鮮総督府は露骨すぎる」,『朝鮮と建築』2巻 4号(1923.4.)

岩井三次郎,「新庁舎の計画に就て」,『朝鮮と建築』5巻 5号(1926.5.)

富士岡重,「新庁舎の設計概要」,『朝鮮と建築』5巻 5号(1926.5.)

佐藤良治,「新庁舎の直営経理に就いて」,『朝鮮と建築』5巻 5号(1926.5.)

「朝鮮銀行奉天支店工事概要」,『朝鮮と建築』11巻 7号(1931.7.)

葛西重男,「四会連合建築大会並に満洲見学日記」,『朝鮮と建築』12巻 10号
　　(1933.10.)

齋藤忠人,「満洲行談片」,『朝鮮と建築』12巻 10号(1933.10.)

鈴木文助,「鉄筋コンクリートの再認識」,『朝鮮と建築』14巻 12号(1935.12.)

小倉辰造,「台湾を語る」,『朝鮮と建築』14巻 12号(1935.12.)

早川丈平,「台湾を見た感じ(上)」,『朝鮮と建築』14巻 12号(1935.12.)

朝鮮建築会主催,「創立回顧座談会」,『朝鮮と建築』15巻 11号(1936.11.)

朝鮮建築会,「煉瓦に就ての座談会」,『朝鮮と建築』16巻 9号(1937.9.)

小野木孝治,「医院視察(上)」,『満洲建築協会雑誌』1巻 2号(1921.4.)

小野木孝治,「医院視察(下)」,『満洲建築協会雑誌』1巻 3号(1921.5.)

「故正員岡田時太郎氏略歴」,『満洲建築協会雑誌』6巻 7号(1926.4.)

高岡又一郎,「懐古漫談」,『満洲建築協会雑誌』8巻 1号(1928.1.)

平野緑訊,「プレーン・ジュ・モンブラン療養所」,『満洲建築協会雑誌』10巻 1号
　　(1930.1.)

長倉不二夫,「新規格煉瓦に就て」,『満洲建築協会雑誌』12巻 1号(1932.1.)

岡大路,「大連医院の建築計画及び其の設備の概要」,『満洲建築協会雑誌』12巻
　　9号(1932.9.)

満洲建築協会,「故人経歴」,『満洲建築協会雑誌』13巻 2号(1933.2.)

荒木榮一,「思い出すままに」,『満洲建築協会雑誌』13巻 2号(1933.2.)

「満洲国第一庁舎新築工事概要」,「満洲国第二庁舎新築工事概要」,『満洲建築雑
　　誌』13巻 11号(1933.11.)

満洲建築協会,「近代満洲建築史に関する座談会」,『満洲建築雑誌』16巻 2号
　　(1936.2.)

「国務院新築工事概要」,『満洲建築雑誌』17巻 1号(1937.1.)

「関東州庁庁舎工事概要」,『満洲建築雑誌』17巻 9号(1937.9.)

満洲建築協会,「満洲中央銀行総行本建築を語る座談会」,『満洲建築雑誌』19巻
　　11号(1939.11.)

満洲建築協会,「略歴」,『満洲建築雑誌』22巻 4号(1942.4.)

相賀兼介,「建国前後の思出」,『満洲建築雑誌』22巻 10号(1942.10.)

岸田日出刀,「満洲建国十周年とその建築」,『満洲建築雑誌』22巻 10号.

牧野正己,「建国拾年と建築文化」,『満洲建築雑誌』22巻 10号.

石井達郎,「国務院を建てる頃」,『満洲建築雑誌』22巻 10号.

前田松韻,「満洲行雑記」,『満洲建築雑誌』23巻 1号(1943.1.)

Victor Berger, "Le Sanatorium de Plaine-Joux-Mons-Blanc a Passy(Hauts-Savoie)," *L'ARCHITECTE* Vol. 6, No. 8(1929.8.)

학술논문

石田潤一郎・中川理,「松室重光の事蹟について」,『日本建築学会大会学術講演梗概集』, 1984.

鈴木博之,「松室重光と文化財保存事業」,『日本建築学会大会学術講演梗概集』, 1984.

管原洋一,『近代技術の地域的展開に関する研究―三重県を事例として』(私家版) 名古屋大学博士学位論文, 1992.

西澤泰彦,「関東都督府の建築組織とその活動について」,『日本建築学会計画系論文報告集』442号(1992.12.)

黄俊明,「明治時期台湾総督府建築技士の年譜(1895-1912)」,『日本建築学会大会学術講演梗概集(関東)』, 1993.

西澤泰彦,「建築家岡田時太郎の中国東北地方進出について」,『日本建築学会計画系論文報告集』452号(1993.10.)

西澤泰彦,「南満洲鉄道株式会社の建築家-その変遷と特徴」,『アジア経済』 35巻 7号(1994.7.)

西澤泰彦,「満洲国政府の建築組織の沿革について」,『日本建築学会計画系論文報告集』462号(1994.8.)

西澤泰彦,「清末在中国東北的日本公館建築」張復合編,『中国近代建築研究与保護』, 清華大学出版社, 1999.

谷川竜一,『帝国主義の発露としての建築活動―大韓帝国末期における度支部建築所』(私家版), 東京大 学工学系研究科修士論文, 2003.

西澤泰彦,「日本帝国内の建築に関する物・人・情報の流れ」,『国際政治』146号 (2006.11.)

谷川竜一,『日本植民地とその境界における建築物に関する歴史的研究― 1867年-1953年の日本と朝鮮を中心として』(私家版), 東京大学工学 系研究科博士論文, 2009.

신문기사

「満鉄の五大停車場」,『満洲日報』3号(1907.12.11.)
「正金工程」,『満洲日日新聞』772号(1909.12.13.)
「煉瓦重要と相場」,『満洲日日新聞』863号(1910.3.14.)
「大連の煉瓦製造」,『満洲日日新聞』893号(1910.4.13.)
「安奉線の煉瓦」,『満洲日日新聞』1164号(1911.1.9.)
「長春駅竣成」,『満洲日日新聞』2297号(1914.3.12)
「新国家の庁舎二十日から準備に着手す」,『満洲日報』9267号(夕刊)
　　　(1932.2.21.)
「首都各政庁決定」,『満洲日報』9321号(夕刊)(1932.4.6.)
「満洲国へ轉出した満鉄社員百六十名六日までに全部発表」,『満洲日報』
　　　9443号(夕刊)(1932.8.6.)

자료

外務省外交資料館所蔵,「在支那公使館新築一件」.
中国第一歴史档案館所蔵,「分科工程処聘請器使合同, 真水動身川資在東京塾
　　　付及真水, 荒木給工程処信函的文件」(文書番号 学部·実業·102).
中国·遼寧省檔案館所蔵 満鉄関係文書,「大連医院新築に関する件」(「明治
　　　四十三年大正元年度総体部文書門土地建物類建物目)」[文書番号 総
　　　3054].
浜松市立中央図書館所蔵,「中村与資平·自傳」.
防衛庁防衛研究所所蔵,『陸軍満密大日記昭和七年第二冊』[文書番号],「陸·満
　　　密大日記·S7-2·2」.
相賀兼介舊藏資料(個人藏).
青木菊治郎舊藏資料(個人藏).
岡田時太郎舊藏資料(個人藏).
中村与資平舊藏資料(個人藏).

찾아보기

264

267

니시자와 야스히코(西澤泰彦) 지음

건축사학자. 나고야대학교를 졸업하고 도쿄대학교 대학원과 중국
칭와대학교에서 공부했다. 도쿄대학교에서 박사학위를 받았다. 현재
나고야대학교 건축학과 교수로 재직 중이다. 2008년 발간한 『일본
식민지 건축론』(日本植民地建築論)은 일본 식민지와 지배지역의
건축 연구를 집대성한 것으로 평가받으며 2009년 일본건축학회상을
수상했다. 『식민지 건축』은 이 책을 일반 독자들을 위해 간략하게
정리하고 최신 연구 결과를 반영해 새롭게 엮은 것이다. 이 외에도
『동아시아의 일본인 건축가』(東アジアの日本人建築家), 『식민지 건축
기행: 만주, 조선, 대만을 걷다』(植民地建築紀行－満洲·朝鮮·台湾を歩く),
『건축유산: 보존과 재생의 사고』(建築遺産－保存と再生の思考, 공저) 등
다수의 책을 썼다.

최석영 옮김

공주사범대학교 역사교육과 졸업 후 한국학중앙연구원 대학원
석사과정(한국사)을 수료했다. 일본 쥬부대학교 대학원에서
국제관계학 석사를, 히로시마대학교 대학원에서 학술박사를 취득했다.
국립민속박물관 학예연구사와 단국대학교 동양학연구소 연구
조교수를 거쳐, 국립극장 공연예술박물관장을 역임했다. 현재는
공주대학교·대학원 강사이다. 『일제의 조선연구와 식민지적 지식 생산』,
『한국박물관 역사 100년』, 『일제의 조선 「식민지고고학」과 식민지 이후』
등을 썼고, 『인류학자와 일본의 식민지 통치』, 『일본 근대 국립박물관
탄생의 드라마』 등 다수의 책을 옮겼다. 요즘은 '박물관학 시리즈' 집필
작업을 계속하고 있다.

식민지 건축:
조선·대만·만주에 세워진 건축이 말해주는 것

니시자와 야스히코 지음
최석영 옮김

초판 1쇄 인쇄 2022년 12월 2일
초판 1쇄 발행 2022년 12월 12일

ISBN 979-11-90853-37-8 (93540)

발행처 도서출판 마티
출판등록 2005년 4월 13일
등록번호 제2005-22호
발행인 정희경
편집 박정현, 서성진, 전은재
디자인 조정은

주소 서울시 마포구 잔다리로 127-1, 8층 (03997)
전화 02. 333. 3110
팩스 02. 333. 3169
이메일 matibook@naver.com
홈페이지 matibooks.com
인스타그램 matibooks
트위터 twitter.com/matibook
페이스북 facebook.com/matibooks